万物智联与万物安全丛书 —— 重庆市出版专项资金资助

U0271538

智能与
安全漫语

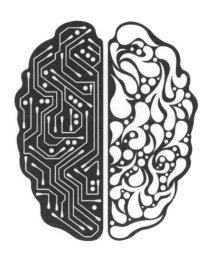

傅 鹂 何 湘 张亚妮／著

重庆大学出版社

上篇 往日踪迹   001

    01 ● 苏醒   003

    02 ● 人与兽   011

    03 ● 人与人   020

    04 ● 葵花与风车   028

    05 ● 控制与网络空间   035

    06 ● 从验证码谈起   044

    07 ● 懂中文的房间   053

    08 ● 快手的环舞   062

中篇 现时浪潮   071

    01 ● 谁有最强大脑?   073

    02 ● 金钥匙暗中明   080

    03 ● 陌生人社会   090

    04 ● 蓝巨人的白帽子   098

    05 ● 从深蓝到黑白   106

    06 ● 零到无敌无人助   116

    07 ● 辨物识景   123

    08 ● 看图说话   132

    09 ● 看见未曾发生的事   140

    10 ● 海龟与来复枪   148

    11 ● 莫拉维克悖论   155

    12 ● 自作主张   161

下篇　未来世界　169

01 ●蜿蜒而上　171

02 ●天网秋毫　180

03 ●透亮的秀场　188

04 ●无私的偏见　196

05 ●预言者　204

06 ●因必发生而不发生　212

07 ●头号玩家　221

08 ●顶级学霸　228

09 ●曲别针狂徒　237

10 ●从阿西莫夫到阿西洛马　245

11 ●超越人类　254

12 ●远离人类　262

参考文献　269

往日踪迹

沉睡中。

这是一场漫长的深眠，似要忘却久远的地火天光。

这是41亿年前，地球与忒伊亚（Theia）激情相撞4亿年之后，她终于冷静下来，沉沉入睡。

即便这般沉睡还将持续数亿年，有朝一日她也必定要醒来。

醒来时，她虽没了烈焰映照的灿烂模样，却有了悄然而生的鲜活容颜。

那就是生命的出现。

尽管与天地大冲撞的澎湃激情相比，地球孕育出的生命显得那么悄无声息，但其实这才是真正的辉煌。因为，从此她真正有了灵性。

不提泛灵论，也不讲女娲炼石补天的剩石化作通灵宝玉那般的神话——通常我们不会认为一块石头、一坨铁具有智能。我们今天谈论智能的时候，追溯其发端，一定要去叹赏这个星球上起源于几十亿年前的生命。

一种生命需要具备什么样的一些特征，才能显得有"灵性"、有"智能"？

——它获取物质和能量，进行新陈代谢和生长；

　　——它繁殖；

　　——它对外界刺激做出有利自身的反应；

　　——它能与环境交互，可做出适应性变化，并能把变化传给子代，实现进化。

　　这些特征，是一块石头全都不具备的。

　　就算是35亿年前出现的单细胞生物（如古菌）也具备了这样一些"智能"特征，尽管它连神经系统都没有，更谈不上有大脑。

　　没有神经系统的生物，其智能显然还是差了些。我们还需要耐心等待大约30亿年。直到6亿年前，地球才演化出了具有神经网络的生物。

　　懒洋洋漂在深邃的古海洋中，静静"梳理"着缓缓水流，用闪闪的光色勾画着自己的轮廓，这就是栉水母。

　　栉水母是最古老的多细胞动物之一。相关基因组和转录组分析表明，先前的多细胞生物没有神经系统和肌肉系统，栉水母是最早进化出神经系统的生物之一。神经系统是生物智能的重要基础。一般说来，智能水平随神经系统的演化而水涨船高。神经系统简单的生物，智能水平相对较低；神经系统复杂的生物，智能水平相对较高。[1]

　　但具有神经系统并不等于具有大脑。栉水母以及水母都仅具有分散的动物神经网络，而没有专门的脑器官。

　　从"无脑"到"有脑"，还要等待多久？

　　别去等待栉水母这类辐射对称动物（身体形状呈辐射对称）进化出脑器官来。

更高级的、值得关注的是两侧对称动物（身体形状呈左右对称，如扁形动物等），其神经索上有若干膨大处，称为神经节，且端头的神经节是膨大得最厉害的，那就是最原始的"脑"。（脑通常在前端，即有眼睛等重要感官的那一端，也就是头部，所以叫"头脑"是有道理的；但极少数动物的尾端也有，如蚂蟥，这类就称为"尾脑"。）

看来从"神经"到"头脑"并不遥远。

果然，很快（几千万年之后），分化出头部的有脑动物就出现了，例如寒武纪早期的丰娇昆明鱼（距今约5.3亿年）就是已知最古老的脊椎动物——所有脊椎动物都是有脑的，大部分无脊椎动物也是有脑的。这就有了智能注定要去"定居"的地方，这也就到了智能发展的新时代。

从此，世界充满了灵气，无数聪明的动物活跃在这个星球上。

什么动物最聪明？

狗和海豚是人们常提到的。狗不仅聪明，而且对人忠诚，是人类的朋友；海豚就好比海里的狗，聪明且亲近人类。亲近人类是很重要的。

但是要说最聪明的动物，还是要数人类的近亲——灵长目动物了，如猿、猴和猩猩，其中最接近于人类的是黑猩猩以及大猩猩。

然而，我们也不要低估其他动物的"智商"。

例如乌鸦，它的综合智力水平大致与家犬相当。乌鸦具有使用工具的能力，甚至还能制造工具来达到目的。这一点连灵长目动物也得甘拜下风，因为后者一般只是使用工具，比如利用现成的石块来砸开坚果。

《乌鸦喝水》的故事中，乌鸦为了喝到小口瓶中自己够不着的半瓶水，就衔了很多石子装进去抬高水位。这对乌鸦来说其实真不算什么。日本一所大学附近的十字路口，经常有一些乌鸦在那里伺机而动。当交通指示灯变红时，乌鸦会飞到马路上，把坚果放在停下来等绿灯的车辆轮胎下。当交通指示灯变绿，通过的车辆碾碎了坚果，乌鸦们就能在车开过之后再次飞到地面收获美食了。

就算是小小的蚂蚁，每一只都说不上有多高的智力，但它们在另一层面上表现出来的智能，让人类也要向它们"取经"。

小时候，盛夏里，在穿了最短装还想裸奔的桑拿天，暴雨将至之前，蹲在花台土墙边，会发现地上满是大大小小的蚁穴，每个蚁穴口周围都有一圈小土堆，有的甚至个个相连成了一圈小围墙。暴雨猛然泻下时，小土堆被冲到蚁穴口，自动形成了蚁穴的"防护门"，阻挡了雨水"入室"。它们竟然也知道"水来土掩"啊！

这就是蚂蚁的群体智能（swarm intelligence）的成果。蚁群智能的另一著名表现是会寻找到达食物源的最短路径。人们受此启发，成功研发了求解优化问题的蚁群算法。

有脑的动物可以如此聪明，"无脑"植物有没有"智能"呢？

意大利佛罗伦萨大学植物神经生物学研究者斯特凡诺·曼库索教授提出，不妨将智能宽松地定义为"解决问题的能力"，因此把人类看作唯一拥有智能的生物是有失偏颇的。他写道："智能是一种生命特有的资产，即使是最卑微的单细胞动物也拥有。每个生命体都必须不断解决生存中面临的问题，与我们每天生活中面对的并无不同。"[2]

植物没有眼睛，却因为内含光敏色素而拥有"视觉"能力。植物的光敏色素是一种色素蛋白质，它能吸收红光，让植物感受到外界的刺激和变化。与人类的视觉相比，植物能够"看到"的光谱波长范围更广。尽管植物没有神经系统，光信号没办法转化成图像，但这并不妨碍其转化成各种指令，调控植物的生长。

把喜光植物放在阴影中，它会不会因郁闷而生长缓慢呢？事实上，有的喜光植物置身阴影中，"看到"光照不足，反而会加速生长，以摆脱阴影，去沐浴阳光——聪明着呢！蒲公英就是这类植物的一个典型。荫蔽处的蒲公英，生长速度会更快一点儿，目的是去接收更多光照，让自己更好地生存。植物的"视觉"功能竟如此强大，完全超出了我们原先的认知。[3]

植物还有"嗅觉"。比如，我们把熟透了的苹果和生而硬的猕猴桃放在一起，很快猕猴桃也会变得成熟、香甜可口。这是因为猕猴桃"嗅"到了成熟苹果散发出来的乙烯，做出了相应的生理调控。

植物也有"触觉"。比如，猪笼草、捕蝇草等食虫植物，它们虽然完全看不见昆虫，但却能敏锐地触感到。它们散发出芬芳甜蜜的物质来诱惑猎物，猎物到来后必然要有所触碰，它们就会快速收拢叶片抓住猎物，然后通过消化液来分解营养物质，让叶子吸收，进而代谢掉捕捉到的猎物。[3]

数十亿年前生命的出现带来了灵气。几十亿年来生命的演化，产生了人类这样的高等智能主体——尽管绝不应该断定这就是顶峰。

人类还很年轻。

恐龙统治地球约一亿六千万年。人类从猿人远祖开始一路走来，迄今才几百万年；现代人类的先祖——智人走出东非大草原，则仅仅是十几万年前的事。

人类还太年轻。

然而，当出现了生命，产生了人类，这个曾经以蛮力式的惊天冲撞震撼寰宇、之后又沉沉昏睡的星球，从此彻底苏醒了，焕然拥有了智能的美丽容光。

奔跑，奔跑，向前方。

前方有动静！

有声音，有气味。那是猎物的声音，猎物的味道！

一定是大餐！

已经隐约可闻的，是大地懒和猛犸象的哀鸣。

这群捕食者朝着前方冲过去。前方一片浅浅的水塘里，出现了硕壮的大地懒和猛犸象的身影。在这群捕食者眼中，那就是美餐。

冲过去！这群饥饿的猛兽，"武装"着刀剑般的牙齿，向着浅水里的猎物冲杀了过去。

猎物处于险境中了！

但是，这群猛冲过去的捕食者——凶悍的剑齿虎还不知道，它们也照样面临着生死威胁。

当然，这威胁并不是比自己重近二十倍的猛犸象，也不是比自己重十余倍、拥有厚实的皮肤和巨爪的大地懒，这些草食性动物能把它们怎么样呢？

真正的威胁来自那个浅浅的"水塘"。这群剑齿虎所冲向的，是极度危险的境地，它们将再也不会活着出来。

这"水塘"才是巨型"怪兽"的血盆大口，它吞噬一切，无论是四五吨重的大地懒，还是七八吨重的猛犸象，剑齿虎就更不在话下了。它的胃口极好，几头大型野兽真是不够它塞牙缝。事实上，它"吞食"的野兽何止几万头！

这群冲杀了进去的剑齿虎，此时跟大地懒和猛犸象一起发出哀号，无法挣脱出那浅浅的"水塘"……

这悲剧发生在一万多年以前。如今，那个"水塘"边上，是一个博物馆。

那"水塘"其实是一个浅湖，湖底是深深的沥青。这就是现今美国加州洛杉矶汉考克公园附近的天然沥青坑——拉布雷亚沥青坑，人们在里边发现了巨量的史前野兽遗骸。建在坑旁的乔治·C.佩奇博物馆，陈列着当年落入这个天然大陷阱的众多野兽标本：恐狼、剑齿虎、大地懒、猛犸象……

那真是一个极度险恶的时代，实在太不安全了。

可是，之前忒伊亚撞上地球的时期，不是要更险恶吗？

当这个星球上出现了生命且演化出越来越复杂的高级生命形式之后，有一个概念才变得有意义且越来越有意义：那就是"安全"。地球在尚无生命的纪元，"安全"或是"不安全"有什么意义呢？哪怕地球被忒伊亚撞得粉身碎骨，那时有谁去在乎这样的"特大安全事故"呢？

所以，安全，即便不站在人类的立场，至少也要以生命的视角来看待才有意义。哪怕涉及无生命事物的安全，终究也是从生命的角度来理解才真正有意义，比如人类的财产安全。

"安全"这个概念本身的含义是清楚的，人人都懂。"安全"的反面显然就是"不安全"，也就是危险、风险。

危险或风险一定来自某种"威胁"。威胁导致现实的损害，就是安全事件，比如事故。

安全风险的大小常作为安全性的度量（或者说不安全的度量），它由安全事件发生（即威胁变成现实）的概率和安全事件造成的损害这两者共同决定。由于这两者中只要有一个为零，则实际上就不会有任何损害出现，即安全风险为零，所以具体而言，安全风险是由安全事件发生的概率及其能够造成的损害的大小两者的乘积决定的。

对人类而言，毫无疑问，安全的意义特别重大。事实上，对每一个人类个体来说，安全都是其非常基本的需求。

按照马斯洛在《人类动机理论》中提出的需求层次理论，人的需求从最低（最基本、最必须）到最高，以金字塔的结构形式分为五个层次：

第一层，生理需求。包括需要空气、水、食物、睡眠等。

第二层，安全需求。例如人身安全、财产安全等。

第三层，爱与归属需求（或称社会需求）。例如对亲情、爱情、友谊、团体、社交等方面的需求。

第四层，尊重需求。例如成就、社会地位、上升空间、名声等，既包括他人认可，也包括自我认可（即自尊）。

第五层，自我实现需求。包括对任何有意义的目标的追求，例如发挥潜能以取得更大的成功、对幸福的追求、对真善美的追求、对崇高境界的追求等。

此理论中需求的层次性意味着，当相对低层次的需求被满足之后，下一个相对高层次的需求才更可能产生。比如，一个人带着财宝走在一望无际的大漠中，快要渴死了（真的要死了，不是夸张形容），那他一定顾不上财产安全什么的了，宁愿拿一颗钻石去换一瓶水。

不知道对动物来说是不是所有这些层次的需求都会有；很可能，越是高层次的需求，越是不大可能有——尽管我们很难知道它们究竟是怎么想的。大地懒、猛犸象，还有剑齿虎，它们需要真善美吗，会追求崇高的境界吗？

但是，毫无疑问，至少前两个层次——生理需求和安全需求，所有动物都是有的。无论是猎物（大地懒和猛犸象等），还是捕食者（剑齿虎等），如果不吃不喝，都是死路一条；而能吃能喝，还得保证安全，否则仍是死路一条——它们跳进沥青坑里，只是因为缺乏充分的识别能力，不是因为没有安全需求。

其实，生理需求和安全需求，这两者联系特别紧密，不可分割。如果某些基本的生理需求不能得到满足，事实上就已经威胁到了生存安全，例如在没有空气可呼吸的地方，任何别的安全都没有意义了。而安全需求中的一个重要基础就是基本生理需求必须得到满足，从而保障生存的安全。

所以，安全需求的重要地位，无论对于人类还是一般动物，都没有本质差别。

不过，在安全概念的研究中，特别是在安全威胁分析、安全事件影响分析方面，我们分别从人类的视角和站在动物的立场去设想，则会有明显不同的结果出现，且这种差异跟智能这个概念密切相关。

那个"吞食"无数生灵的史前"怪兽"——如今叫作拉布

雷亚沥青坑的，显然不仅对动物的生命构成严重威胁，对人类也一样。

确实，在这个巨大的天然陷阱中，人们也发现了一副人类的遗骨。那是一位生活在1万年前的17~25岁的人类女性，现称为"拉布雷亚女子"，她身边还无比巧合地有一只大约生活在3000年前的家犬的遗骸。[4]

"吞噬"了大量动物也"吞噬"过人类的拉布雷亚沥青坑，显然并没有任何智能，叫它"怪兽"当然只是比喻罢了。

来自像拉布雷亚沥青坑这样的无智能实体的威胁，其特征是没有目的性：既没有要达成的目标，也没有为达成目标而设计的手段和实施步骤，是完完全全"非有意性的"。

与这类非有意性的威胁相关联的安全问题，是安全问题的两个大类之一。洪水泛滥、火山爆发、地震发生、陨石撞击这些天灾，都属于这一类。

不过要注意，虽说非智能实体的威胁必属于非有意性的，但反之则不然——非有意性的威胁并不一定都源于非智能的事物，因为智能主体（比如人）完全也可能是非有意性威胁的来源，典型例子就是擦枪走火，自己人意外伤害自己人。

另一大类安全问题则关联着"有意性威胁"。显然，有意性威胁只能来自智能主体，无论是一般动物，还是人。典型的就是人为破坏、故意伤害、人祸。

智能主体的智能高低，包括不同物种和同一物种不同个体的智能水平差距，则可能让同一威胁对应的安全风险和结果出现重大差异。

同样是拉布雷亚沥青坑这个无智能的威胁源，其带给人类和带给动物的灾难影响是截然不同的。拉布雷亚沥青坑中发现的人类遗骸只有一具，这与其中发现的多达几万甚或十万以上的各种动物遗骨数量相比，实在是少到了可以忽略的地步。

这反映了人类，哪怕是超过1万年前的史前人类，也已经与动物拉开了巨大的智力鸿沟。雄壮的大地懒和猛犸象，凶猛的剑齿虎，它们多半是自愿进入那死亡之坑的，无论是为了饮水还是捕猎；而拉布雷亚女子，她多半只是失足不幸掉入了其中。

当然，就算作为动物的野兽与人的智能差距极大，也并不意味着野兽对人类不构成威胁——特别是在那史前时代。虽然草食性的大地懒和猛犸象只吃草、树叶、果子，对人类没兴趣，但肉食性的剑齿虎则很可能直接攻击人类。

对于人类而言，肉食性猛兽就是一种来自智能主体的有意性威胁。

不过，以野兽的视角，人类倒是一种更加可怕的有意性威胁源。无论草食性的还是肉食性的动物，无论是猎物还是捕食者，终极性的最大安全威胁是来自人类。这确实是智能差距导致的必然结果。

所以，猛兽最后在根本上无法对人类构成任何威胁了，甚至早在1万年以前，就已经在总体上不算什么实质性的威胁了。

当从非洲迁徙而来的人类在约1.5万年前跨过白令海（当时的白令陆桥）到达北美大陆的时候，他们确实看到了许多比自己的身躯不知大多少倍的巨型动物和凶悍的野兽：大地懒、猛犸象、恐狼，还有剑齿虎……

但这些巨兽和猛兽后来都灭绝了。比如剑齿虎，大约在公元前1万年时灭绝了。

它们是怎么灭绝的？

是因为冰河期结束后的植被变化导致的夏季干旱吗？但地球经历的大冰期不止一次，冰河期结束也不止一次，那些动物都存活了下来。

拉布雷亚沥青坑？它更是无法导致物种灭绝的，尽管剑齿虎群就那样冲了进去，再也没有活着出来。

捕食者会不会导致猎物灭绝呢，就是说把猎物都吃光了？但是凶猛的剑齿虎本身难道会成为谁的猎物吗？

1.5万年前，这里来了一批新的兽类，个头不大——事实上，若要按"吨位"来排行的话，它们的级别真是太低了。

但这批新兽类却是可以猎杀一切的终极捕食者。

此前的野兽，无论是巨型的猛犸象还是凶悍的剑齿虎，统统成了它们的猎物。这些猎物，在新兽类连续捕杀几千年之后（为了获得食物，或是消除安全威胁，抑或是一箭双雕），最终悉数灭绝就不难解释了。

请你试写出五个字，它们分别是五种动物的名称。

要求：第一，这五个字的笔画数分别是10、8、6、4、2；第二，每个字的简体字和繁体字写法相同（因而两者的笔画数相同）；第三，五种动物中，要有猛兽、家畜和既不是猛兽又不是家畜的动物。

这会是哪五个字呢，或者说会是哪五种动物呢？答案不一定是唯一的，只要写出满足条件的五个字就作数。参考答案如下：

"豹"字的笔画数为10，简体、繁体都一样，属于猛兽。入选。

"虎"字的笔画数为8，简体、繁体都一样，也属于猛兽。入选。

"羊"字的笔画数为6，简体、繁体都一样，属于家畜——正好前面还没有家畜呢。入选。

"牛"字的笔画数为4，简体、繁体都一样，也属于家畜。可以入选。

有了四种动物，而且满足条件，现在差一种就大功告成了。

文字笔画数为10、8、6、4的都有了，猛兽和家畜也都有了，剩下的一种动物——代表其名称的那个字，笔画数必须是2，而且既不是猛兽也不是家畜。那是什么动物呢？可选的极少极少了，但确实有一个选项，那就是——人！

对于人这样高等的动物，拥有如此复杂的大脑，中文里却用了一个简单得几乎不能再简单的两笔画来表示——若只用一笔画，比如点、横、竖、撇、捺，那实在不像话吧？或用横钩、竖钩？横折钩、竖弯钩？也不大好吧。所以两笔画已经是极简了。

极简两笔画，它好像是在暗示大道至简，或是大智若愚，抑或是昭示着——"独孤求败"？

人类（学名智人）要说"独孤求败"，也是有充足理由的。

人类战胜了所有猛兽，至少是他们遭遇过的所有猛兽。凶猛的霸王龙需要被排除，它跟人类生存的时间完全没有交集，因为大多数恐龙都在6500万年前的那次大灭绝中消失了，少数则进化成了今天的鸟类；而人类的人属先祖，出现在最早不过260万年前。

智人约在10万年前走出非洲，征服了几乎整个世界，从热带到温带，从海边到内陆，从高山到沙漠，从草地到冰原，适应力和战斗力极强。

众多史前时代的巨兽猛兽，在人类的猎杀中加速灭亡了。

这还不够。人类战胜的，不仅是智能上与之存在鸿沟的野兽们，而且包括与之相当的同属的其他人种——事实上，人类在物竞天择中横扫一切，大获全胜——结果是，如今在人科人族人属之下，仅存的唯一人种就是智人种，即现代人类自己，其他人种（如直立人、尼安德特人、丹尼索瓦人、马鹿洞人）都先后在这个星球上灭绝了。

之后，人类借助自身在智能上不可比拟的优势，彻底超越了普通动物的层面，掌握了所有动物的生杀大权。没有灭绝的猛兽，统统成了人类想方设法要去保护的对象。

所以，虽然在生物学上，人是属于动物界的一个物种，任何人都是动物，但在通常的语境下，"人""人类"都是指社会学中的概念，与"动物"相去甚远。事实上，人类在动物面前，早已"笑傲江湖""独孤求败"，拥有了一种绝对的安全感。

"绝对的安全感"，听起来是多么地令人安心——但注意，这里说的是"在动物面前"。

看来，面对源自智能主体的安全威胁，人类似乎已经站在了无上的顶峰。

然而，真的是这样的吗？真的没有了来自任何智能主体的安全威胁了吗？答案是"否"。仍然有来自智能主体的安全威胁，而且其智能水平还非常之高——那就是人类自身。

史上几乎从来没有中断过、至今仍然如此的，就是人类自身这种同等智能主体之间的较量。

源自人类本身的威胁，在安全领域中具有特殊的地位和特别的重要性。我们用基于威胁源头的智能属性相关的宏观安全概念框架来说明。

发出威胁的主体，从完全无智能到极端高智能，本是一个可以排列的谱系，比如从以一块石头为代表的无生命实体，到相对简单的生命（如病毒、细菌等），再到相当复杂的生命（如虎、豹、海豚等哺乳动物），最后到顶级的人类。

然而，人类在智能上远超任何复杂的动物，更不用提简单的生命了。这个智能鸿沟太巨大了，以至于在安全威胁源智能的宏观划分中，可以把任何人类之外的主体都近似地归入非智能的范畴。即源自人类以外的安全威胁，我们可粗略地认为都属于非智能主体的威胁。而非智能的威胁，必是"非有意性的"，因为"有意性"必是在意识支配之下的。例如，石头威胁人类（比如泥石流）是"非有意性的"，病毒威胁人类也不能说是"有意性的"，只能算"非有意性的"。"非有意性"并不一定"不厉害"：泥石流可以夺去人命，病毒也是。

于是，"威胁"的简明划分可总结为：源自人类之外的安全威胁，都归入非智能主体的威胁；而源自人类本身的威胁，就是唯一的智能主体的威胁。

非智能主体的威胁，一定是"非有意性的"。

而智能主体的威胁，则不一定是"有意性的"。事实上，智能主体的威胁有两种情况：第一种情况，是"非有意性的"，例如打开的窨井盖没有设置任何防护和警示，变成伤害人的危险陷阱，这种威胁源于人，但通常不能说那是有意的；第二种情况，是"有意性的"，比如偷盗、抢劫，以及战争。

这里要重点谈论的是第二种情况：源于人类的有意性安全威胁。这是人类对人类的安全威胁，是高智能主体对高智能主体的有意性威胁。

同类之间的争斗，在动物界屡见不鲜。例如雄性动物之间为争夺雌性而战，花样百出。有的鸟类会比拼谁的羽毛更鲜艳，谁的嗓音更动听，或谁的舞蹈更精彩，是相当"文明"的争斗。但是有的兽类就根本不讲这一套了，直接用利爪尖牙相互撕咬，打得头破血流，实在是"不文明"。

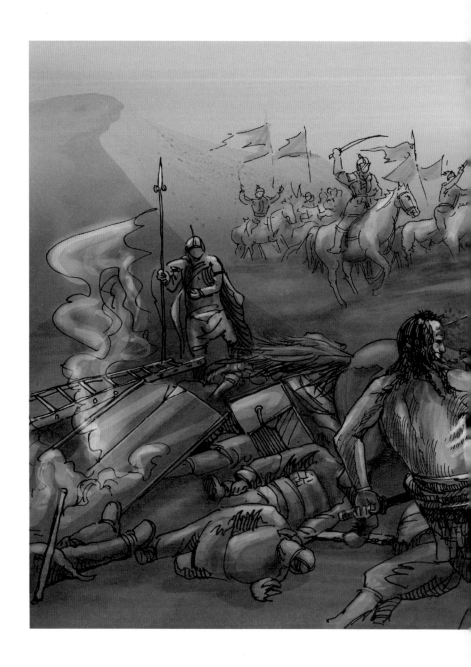

那么，人类之间的争斗，会有多"文明"呢？

距今约200万年到约1万年的史前时代，人类以氏族、部落等的形式群居。一个原始部落因遭遇另一个原始部落而发生冲突时，伤亡的人数一定会超过该部落遭遇猛兽时的伤亡人数。但那时毕竟武器不行，简陋的棍棒、石斧杀伤力非常有限，而且原始部落往往人数不多，即便"全军覆灭"，也不过几十、几百人。

越到后来就越不同了。看看最近的两千多年以来那些人类之间的大战就知道了：战争中死亡的人数，动辄以几万、几十万计，甚至超过千万也并不稀奇了。威力大到能毁城、毁国的原子弹只是小用了一下子。今天智能的人类拥有的核武器数量，早就足以多次毁灭全人类。

看来，不说那些乖巧的鸟类，就算是野兽之间的"战斗"，也实在是太"文明"了。

这就表明，"源于人类的有意性安全威胁"在安全领域应该占有多么重要的"地位"。

即便不从那样宏大的范围来看，人类对人类的安全威胁，也因由智能要素产生的特征而值得人们倍加注意：人类对人类，好像是高智能对高智能，应该是"旗鼓相当"的较量。但其实这种笼统的认识大有问题——都是"高智能"，但有"好"有"坏"，有"明"有"暗"，还有"用"与"不用"。

假如好人在明处、坏人在暗处，好人根本没有目标也不会去"用智能"，而坏人则是目标明确、精心设计、精心实施，那么结局显然就等于"无智能"对"高智能"。

所以，在同类的威胁之下，人类绝对有一种不安全感。

本来，人与人的合作是物界的极致，产生了无比辉煌的成就，使得人类成为"傲视群雄""独孤求败"的物种。

只是，人与人的冲突也像硬币的另一面那样无法剥离，使得人类成为自己最难驾驭的智能主体。

一人难以存活，多人又生威胁。

人，简单的两笔，复杂的智主。

人，最大欣慰之源是人，最大烦恼之源也是人。

笑盈盈地，像个小太阳。

静静地笑，堪比蒙娜丽莎。

在画上是静止不动的，只是灿烂笑着的样子。

在现实世界里是要动的。不必有风，自主会运动。

向日葵，也叫太阳花，它每天要秀一场慢舞。很慢，没有耐心者无法欣赏它的全场舞姿。它的舞姿就是花盘转。

如果是毫无目的地乱转，那就没什么意思了。

向日葵的有趣就在于它的转动是有目的的——它始终朝阳。太阳早上东升，下午西坠。向日葵的花盘也跟着转动，从东到西，迎着太阳的光和热。

植物多有朝着光的方向生长的行为，但动作实在是超级慢，一天之内都不一定能够显现出来。

而向日葵的特别之处就是它的"动向"明显，虽是"慢舞"，但一天之内充分展示：白天，向日葵跟着太阳转；日落后，它的花盘又慢慢摆回原位，等待东方的太阳升起。不过，向日葵的向日特性是在发芽到花盘盛开之前的期间充分展现，花盘盛开后就固定朝东，不再随太阳转动了。[3]

无论如何，向日葵是有目的性的，它的慢舞是有明确目标的，就是要始终追随太阳的方向。那么，向日葵又是如何聪明地实现自己的目标的，它向我们隐藏的秘诀究竟是什么呢？

让我们把视线转向如同一个大型"向日葵"的人造物——风车，看能不能借此发现什么秘密。

葵花与风车都要转。一个慢，一个快；一个要向日，一个要迎风。

最早的风车，是一种垂直轴风车，叶片在水平面转动。后来的风车，虽然仍有垂直轴的，但我们常见的现代风车（如风力发电所用的风车）不少是水平轴的，叶片在垂直面上旋转。风车叶片是旋转对称设计，但不必是轴对称的。

不过，无论是在水平面还是垂直面，叶片本身的转动都不是我们的兴趣点。葵花根本就没有"叶片转动"这回事，它要做的是转动整个花盘以向日。风车也有一样的目的，不同只在于不是向日，而是迎风。

所以，这里要讨论的风车随风转不是指风车叶片的旋转，而是风车如何随着风向改变而转动，使之总是迎着风，就像向日葵转动使自己的花盘始终朝着太阳。如果是纸质或塑料风车玩具，好办，让它始终对着风就行了。但是现实中作动力和发电的风车，采用这个简单办法显然就不行了。

太阳东升西坠，在天空弧线走过，日复一日，昨天、今朝和明日，没什么明显不同，极为恒定。风却很不同，风向时时可变——风车怎么才能随时依着风向改变朝向，使得自己始终朝着风向呢？这看来比向日葵始终朝着太阳更具挑战性了。

人们找到了办法，就是给它加个大尾巴！1745年艾德蒙·李

发明了风车扇尾，一种风车自动控制装置，也就是风车的迎风装置，解决了风车跟风转的问题[5]，就像向日葵能够自动跟着太阳转一样。

后来，像风力发电机的迎风控制，不需要"大尾巴"了，只需要带有一个极小"尾巴"的小巧装置——风向传感器，将实时获得的风向信号传入内部的机电控制机构，即可实现精准、灵敏、平滑的转向调节。

无论是"大尾巴"还是"小尾巴"，风车有了这样的尾巴就能自动转向、时时迎风了吗？这样的解释还是显得太粗糙了。

"尾巴"首先是风向感知装置，跟风向标是一样的。风向标的基本结构就是一个带垂直尾翼的水平杆，杆的头部，即与尾翼相对的另一端，通常是可表示指向的锥形或箭头状。水平杆上靠近头部的位置通过垂直轴连接在基座上，水平杆以垂直轴为转轴可在水平面转动。这样，无论风来自哪一方，由于其垂直尾翼的作用，风向标的头都会指向风向，即风的来向。

其实感知和显示风向一点都不复杂，可用非常简单的方法做到，比如在机场等地看到的风向袋，我们自己就可以马上做一个。还有极简的办法：旗帜就可测定风向。所以什么都别做了，撕一块布就解决了——实际上，风向标的英文"wind vane"，其中的"标"（vane）源于古英语"fana"，意思就是"flag"（旗帜）。

别看风向袋和旗帜那么简单，其实它们比单纯的风向标还多一个功能：它们还可以同时显示风速。以风向袋为例，它与垂直线的夹角从0~90度，显示风速从0到最大。有更精密的专门的风速计，常见的有4个或者3个勺子一样的东西——叫作风杯型风速计，随风在水平面转，由转速直接确定风速。

当然，可以把风向标和风速计结合，就可同时测得风向和风速。方法也很简单，例如在风向标的垂直转轴上方安装一组风杯即可，或者在水平杆的头部加上可在垂直面转动的一组微型叶片也行，这就可同时测风速了。

实时测定风向的问题解决了。风车自身的状态、朝向，它自己是知道的。风车朝向与风向不一致的程度，显然直接由两者的差值决定：从0~180度，表示从没有差别到最大差别。

风车的转向机构，就受风车朝向和风向两者的差值这个信号驱动：差值越大，驱动力越大；只有当差值为0，即风车朝向与风向一致时，转向驱动力为0，风车才无需转向。当然，实际控制设计会比这个描述精细很多。刚才描述的只能算最简单的所谓"比例控制"，即控制与误差成正比，这是最好理解的。实际中多会加上积分和微分控制，形成比例–积分–微分控制器，甚至考虑最优控制，实现精准、快速、稳定的控制，达到极佳性能。

不过这些在古老的风车年代并没有，都是以后的事情了。事实上，古老风车的"尾巴"是风向传感器和转向机构的简单一体化。

现在我们要聚焦的，是对控制机制本质的理解。

可以这样想象：拿一个老时钟来，让时针代表风向，分针代表风车朝向，用蛮力让时针和分针重合，并在针头端用橡皮筋捆住。假如风向变了，分针偏离了时针，形成一个夹角，那么由于橡皮筋的弹性，就会把分针和时针往回拉在一起，而且显然夹角越大，拉回来的力量也越大。要点是：让时针分针重合，相当于为风车设定了目的或控制目标，即风车朝向要跟风向一致；风车通过感知当前目标实施的偏差，来调整自己的状态，最终达成目标，即自己的朝向与风向一致，这是一种负反馈机制。

风车自动迎风的奥秘不过如此。

揭示了人造"大葵花"——风车的这种智能行为，发现向日葵随日而转的秘诀就不难了。

这里我们不去考究植物生长激素或植物纤维收缩的层面，更不去分析植物细胞的特性，甚至分子的生化作用——此处难以也不必穷竭到这样的层面。这里更有意义的做法，仍是聚焦葵花转向行为的调节、控制机制：向日葵能感知太阳光热的方向，就像风车感知风向；它也像风车一样知道自己的朝向，从而也就知道自己的朝向与太阳方向的偏差；它根据这种偏差来调节，使得它的花盘转向太阳的方向。

概括起来就是，葵花与风车一样，其显示出来的具有目的性的智能行为都是一种反馈控制。在这个根本的机制上，二者本质相同。

有生命的葵花，无生命的风车，二者本质相同——在表现出有目的控制行为方面。

这可以推广到更多的生命和人工系统吗？

这很可能具有相当的普适性——说不定是我们重大的发现！我们的热血有点沸腾了。

向日葵在那儿微笑着，神秘地，堪比蒙娜丽莎——重大发现？那是超过半世纪以前的事了。

"这个人好像那个影星啊！"你对朋友说。

"这个人吗，你是说？明明相貌平平的，会像人家美男？可能吗，你说！"你的朋友强烈反对你"玷污"心中偶像，用嗔怪更是奇怪的眼光看着你。

"真的像啊！……"你心里确实就觉得像啊，但不知具体怎么说。

那么我们问，一个其貌不扬的人，甚至就是丑人，究竟有没有可能跟一个美人很像呢？完全可能。

一个塑像，面貌很丑，丑得如果作为一个真人走进现实中，会吓到人。但奇怪的是，走过来看到这雕像的人们，纷纷说着一位著名美男明星的名字。怎么回事？因为这是那个魅力美男的卡通塑像。

可见，在美丑这个维度上差距很大的两个人，也可能有共同的特征。反之亦然：若两位都是美女，但特征也可相差极大，比如一个西方美人，一个东方佳人。

更广泛地，显得不同的事物也可能有相同特征，这就是"异中之同"；显得相同的事物也可能有不同特点，这就是"同中之异"。看出异中之同，辨出同中之异，都是我们需要的本领。

人、鱼、空调，这三者中哪两个更相像？

这是一个聚类分析问题。

我们可能会说，人和鱼显然更相像，更应该是同一类——两者都是生物，人类的祖先不就是从古海洋爬上岸的鱼类吗，而且还有美人鱼的传说呢。

这一点都没错。但假如我们从智能水平来看，鱼和空调一样，都与人相差太远了，所以应该把鱼和空调归入一类。

然而在有一点上，人却与空调很相同、与鱼很不同，所以应该说人和空调更相像：人是恒温动物（温血动物），可自动调节维持恒定体温；鱼是变温动物（冷血动物），没有体温调节系统，体温由环境决定，不会把温度调节到设定值；空调呢，本身就是环境恒温调节系统，会把温度调节到设定值。

其实，在系统"自动调节"（不一定是温度调节）这方面，包括人在内的动物与自动机器存在极为雷同的机制，这一发现导致了一门学科的诞生，其名称和奠基性工作都基于超过半世纪以前的一部学术名著——《控制论：或关于在动物和机器中控制和通讯的科学》（诺伯特·维纳，MIT出版社，1948年版）。

控制论与信息论和系统论一道并称"三论"，是现代控制技术、信息与通信技术和计算机技术的理论基础。

《控制论》远非鸿篇巨制，加了两章的第二版中译本也不过17万字，但内容十分丰富，涉及哲学、物理学、数学、控制、信息与通信、计算机、生理、病理、心理、语言、社会、人工智能等方方面面。

其中有关反馈控制的内容，是我们这里最关心的。

生命体与无生命的机器系统，在控制上显示出本质相同的机制——负反馈机制。这使得机器和人一样展示出目的性行为，比如自动维持温度的恒定。其实，《控制论》正式出版5年前的1943年，维纳就在他的《行为、目的和目的论》论文中率先提出了控制论的概念，阐明了相关思想，首次将生物特有的目的性行为引入机器系统。

核心就在反馈控制。

什么是反馈？而且，反馈还分正反馈和负反馈，它们分别又是怎样的？

假如你正在讲解葵花向日转和风车随风动的原理。

如果你仅仅是在录制一个视频，以后播放给人看的，此刻并没有任何一个观众在你的面前，那么你对观众听后的反应，就一无所知：他们有没有兴趣听，究竟听懂了还是没听懂，你没获得任何信息，更无法根据观众的反应随时调整内容和改进讲法。这就是没有任何反馈的情况。

相反，如果你是面对一群人在讲，那么你时时刻刻都清楚观众的状况，他们的表情，他们的姿态，甚至他们直接向你提问，等等。总之你清楚你讲的效果，能获得相关信息——称为反馈或反馈信息，这就是有反馈的情况。

在有观众的情况下，如果你激情讲解的效果是，大家听得饶有兴趣，频频点头，而且看得出来并不是表面专注实则心不在焉的机械式点头，大家还好奇地提出许多问题，相当热烈，总而言之显然是被你的激情所感染。那么，你实时接收到这样的反馈信息之后，讲解的激情又进一步被加强了。而这被加强了的激情，反过来又让观众给予你更大的鼓励，以更多的频频点头等方式……

这样互动下去，不知道最后会出现什么样的一个"爆炸性"局面——这样的反馈，称为正反馈，也称雪崩效应、马太效应。

但注意，正反馈还有一种跟"爆炸性"结果截然相反的情况：比如你讲得没什么激情，听都听不清楚，大家几乎要睡着了。你得到这样的反馈，即看见观众要睡了，就更没激情讲了。而你更没有激情，又让大家更是昏昏欲睡……这样循环下去，最终全体（也许包括讲解者自己）都睡得安安静静的了——除了个别呼噜声之外。这也是正反馈。

所以，正反馈的效果是趋于两个极端：要么"好"到顶，要么"差"到底，前者也叫"良性循环"，后者也叫"恶性循环"。

正反馈机制在诸如技术爆发、创始公司暴涨、如日中天的大企业快速倒闭这些现象中，往往起着关键的作用。

负反馈则是控制领域中的一种重要机制。

为了说明负反馈，设想这样的情形：你讲解葵花和风车，面前有观众，即有反馈。当你讲得不够细致，观众反映听不懂，于是你实时得到这个反馈之后及时调整，讲得细一些、耐心一些；但是接下来你却发现，大家变得有点不耐烦了，从他们的表情看出来，是嫌你讲得又太啰唆了，所以你赶紧又调整，讲得稍微少一点、精练一点……这样的循环，就是负反馈。

负反馈的效果，是趋于达到一种精准的平衡，这代表了系统所需的"目标"。负反馈的这个性质，正是具有某种目标的控制系统所需要的。所以，恒值系统（如空调）、随动系统（如导弹），都是基于负反馈机制的。

生态系统的自动平衡，其奥秘就在于负反馈机制。假想一个生态圈，只有羊和狼两种动物，羊有充足食物，但存在唯一天敌——狼；狼的唯一食物是羊，没有天敌。当羊的数量减小，狼的食物不足，其数量就会跟着减少；狼减少，羊的天敌减少，羊的数量就跟着增加。而当羊的数量增加，狼的食物充足，其数量就会增加；狼增加，羊的天敌增加，羊的数量就减少。这种负反馈机制，保证了不受过大干扰的生态系统是自动平衡的，就像有智能在控

制一样。

有时候，一个系统可能会采用更复杂的反馈，不是一个单纯的反馈，而是综合性的反馈。例如，一个企业，根据上一年度方方面面的情况，制订下一年度的规划，改进企业的生产经营，这也是一种反馈，但很难简单地归结为一个负反馈或者正反馈。

对于控制系统而言，反馈来自从环境采集信息的传感器，然后交给控制器去分析处理，处理结果再交给提供能量和动力的执行机构，最后通过效应器作用于环境，这样形成一个闭环，称为闭环控制。环境、传感、处理、执行、效应，这是控制系统构成的五大要素。

反馈现象的存在，无论是在自然还是人工系统中，都具有普遍性。反馈原理的运用也具有普遍性。人工智能中的机器学习，特别是有监督的机器学习，其本质也是一种反馈调节的过程。例如，有监督的深度学习神经网络，就是将系统的实际输出与正确输出相比较，根据误差这一反馈信息，去调节系统的结构和参数，使得误差减小，并将这一步骤反复进行，逼近最优。

值得一提的是，"控制论"并非更贴近工程技术的"控制理论"，其原文也不是"control theory"，而是"cybernetics"，其中"cyber"的本意是驾驶，"cybernetics"就是驾驶之术。为什么这样？也许是因为"control"带有命令的意味，而维纳要强调的是自动调节机制，更接近"驾驶"而不是"命令"，所以他选择"cybernetics"这个词语作为他所创的学科名称——控制论。

控制论的影响很大，连它的名称也对相关领域的名称产生了直接的影响。

我们来看看"网络空间"这个名称，显然它应是由"网络"和"空间"两个词语组成。但是其中"网络"的原文，根本不是"network"或"net"，也不是"web"，而是"cyber"。所以"网络空间"的原文并非"netspace"之类，而是"cyberspace"，又译为赛博空间、信息空间、电子世界、网络世界等。

网络空间或赛博空间这个概念，包含但并不等同于计算机网络或互联网。赛博空间是一个更具概括性的概念，指的是在计算机以及计算机网络里的虚拟世界，强调的是与实际空间（physical space）相对——网络空间是与实际空间相对的世界，这很关键。认清了此点之后，无论说"网络空间"还是"赛博空间"，都无关紧要。

"赛博空间"一词是由居住在加拿大的科幻小说作家威廉·吉布森（William Gibson）所创。该词在他1982年的短篇小说《融化的铬合金》中首次出现，后来又在罕见地取得了世界科幻三大奖的小说《神经漫游者》中出现，从而普及开来，现已作为学界的正式术语。

有了"cyberspace"表示网络空间，自然地"cyber"就被用于表示与实际相对的虚拟空间相关的一系列术语之中，例如：网络安全或网络空间安全（cybersecurity）、网络攻击（cyberattack）、网络犯罪（cybercrime）、网络战（cyberwarfare），甚至还有网络文化（cyberculture）、网上市场（cyber marketplace）、网上活动（cyber activity）等，不一而足。

赛博空间整体上不应被视为一个巨大的控制系统：它作为整体并不是感知—处理—行动—感知这样的典型控制系统主体。事实上它根本不存在一个处理或控制中心。它甚至作为整体，连仅是感知—行动这种简单反射式主体都算不上。这些都不是它的根本特征，但这也并不表明它不强大。事实上它非常强大。

网络空间的强大源于其建立在标准化的通信协议（典型的就是互联网协议族，即TCP/IP协议族）基础之上的开放性，彻底突破了物理空间的限制，可轻易地将数十亿和更多的设备连接起来，并且具有动态性：随时可以接入新的设备，每个设备也可随时断开和再接入。

所以，网络空间的根本特征是开放的、广泛的、动态的信息连接。

无论是固定着的大型计算机、服务器集群以及个人桌面计算机，还是移动中的小巧平板电脑和智能手机，无论是工业现场还是住宅区和家庭，无论是传感器、处理器还是执行器，统统都可通过无处不在的有线或无线联网接入，让所需的感知、分析和控制的信号、数据、信息和知识快意流动，天涯咫尺。

可见网络空间的信息连接能力，会大大增强控制系统，大大增强智能主体。

网络空间无比丰富的信息如果接入人体，特别包括人的大脑，就可能产生现实空间与虚拟空间混合之后的逼真世界——人与世界交互的所有真切感受，最终不都是发生在人的大脑里边而已吗？

那将是一个以为是真实的但却是梦幻的世界。

那也将是一个充满风险的世界，一个无数智能主体较量的另类大战场。

混合现实技术实在地提供了这种可能性。

20世纪80年代初，互联网远远未普及之时，《神经漫游者》赫然预示了这种可能性。

20世纪90年代末，互联网正飞速扩张之际，《黑客帝国》已然揭示了这种危险性。

古代君临天下的皇帝，如何下旨调遣驻守千里之外的军队？

凭借以每秒30万公里光速传递的电磁波，千万里的距离根本不在话下，眨眼即达。但显然这种远程通信手段那时压根就不存在。若以吼声通信，以每秒343米的声速传播，千里之外几十分钟可达，也相当不错的——但哪有那么大的"吼声"呢？而烽火能传递的内容局限性又太大。

放只信鸽，或其他有点灵性的动物送过去吗？恐怕很难令人放心，要是信鸽被谁打下来就误大事了，要是误入敌方领地，军机泄密就更是灾难了。

看来只得人去。派人"八百里加急"，驿站换马接力，两天之内将皇令送达远方的统兵将帅。

然而，还存在一个明显的漏洞。即便军队将领认得来人，又怎么确保这人不是叛党派来的呢？即便熟悉皇帝的手迹而且来人怀揣的皇令看似真迹，但对蓄谋已久的逆党而言，通过充分练习来模仿伪造，也非难事。

历代朝廷是怎么对付这个难题的？

"符"，即符节，是中国古代的一种信物。调兵遣将所用的符就是兵符，常做成老虎的形状，称为虎符，多用金属制成。兵符分左右两半，分别称为左符和右符，右符存于朝廷，左符发给出征将帅或外任官员。兵符由朝廷专管，制作精密，几乎不可能伪造。

皇帝调遣在外的军队，会派人持右符抵达军队驻地。只有左符右符对接得严丝合缝，驻地统帅才算完成对来人的"验明正身"，认定其确为皇帝所派。

现代汉语中的"符合"一词就来源于此。

"验明正身"历来在很多场合都是一件首先要做的事情。

上网要进入一个系统，除了需要输入用户名和口令，常常还需要额外输入一个"验证码"。

这里要讲的不是"手机短信验证码"。要你的手机短信验证码，其目的是验证你确实拥有你提供的那个手机号码以及带有该号码的手机。

这里要讲的，是那种显得特古怪的"验证码"，比如在乱糟糟的背景里，有几个歪歪扭扭、模模糊糊的字母和数字，好像故意要弄得让人难以辨认似的。

明明已经输入了用户名和密码，不是已经可以"验明正身"了吗？还让我输入额外的"码"，一堆模糊难辨的东西，这不是故意作弄人吗？

让你输入这古怪"验证码"的目的究竟是什么呢？

没错，它就是要"故意作弄"一下，看你究竟是不是人！

这"古怪验证码"，其专业术语为"CAPTCHA"，它是"Completely Automated Public Turing test to tell Computers and Humans Apart"的首字母缩略词——"全自动区分计算机和人类的公开图灵测试"。

可见，这是一种具有特殊目的的验证码，即要区分是人还是机器，例如判定登录系统者是一个人类用户还是一个计算机程序。因此，中文笼统地俗称CAPTCHA为"验证码"是不合适的，

因为还存在用于其他目的的验证码，例如前面提及的用于验证手机和手机号码拥有者的验证码。

让系统用CAPTCHA区分人和机器，确保是人而不是机器，

有时是必要的。例如，要确保正在登录的是正常的一个人类用户而不是一个黑客用来试图破解登录密码的计算机程序。再如，要确保系统不被自动"灌水"或发布广告的聊天机器人侵扰。

CAPTCHA采取挑战-应答认证（challenge-response authentication）方式，确保行为主体是人而不是计算机程序。因此，CAPTCHA提出的挑战问题或任务，应是对人比较容易而对计算机程序比较难的，如识别模糊扭曲的字符就是最初CAPTCHA常用的方式。

但显然，随着机器能力的不断提升，最初的CAPTCHA办法就有问题了，比如扭曲的字符对机器也不难了，于是就会用上对机器来说更具挑战性的任务，如要求识别水果或交通标识等，这时就得看懂简短的自然语言题目（如"把下列图片中所有的水果挑选出来"）。总之就是采用对人易而对机器难的任务。

CAPTCHA虽然其全称中含有"图灵测试"，但它与真正的"图灵测试"根本不是一回事，最多可以称为弱得多的"反向图灵测试"。CAPTCHA是由机器（计算机系统、软件、程序）来测试一个欲使用它的主体，以区分出该主体是人还是机器——换句话说，只要能区分人与机器就行，并不关心机器是否会思考，是否具有多高的智能；而"图灵测试"则是由人来测试机器，其目的是评估机器是否具有人一样的思考能力或智能水平——这比CAPTCHA的目标高得多。

图灵测试与CAPTCHA的这一差别非常重要，是准确把握图灵测试这个概念的关键，值得再次强调：CAPTCHA就是区分人机；图灵测试则是测试机器的智能水平，即以人类智能为比较基准的机器智能水平（哪怕有时不妨仅限于某一方面或某个层次），因此其根本目的并非区分人与机。

图灵测试是1950年由图灵在他的论文《计算机器与智能》（*Computing Machinery and Intelligence*）中提出的，是要回答"机器能思考吗？"（"Can machines think?"）这一人工智能领域的根本问题。

图灵测试的典型方式是这样的：

总共有三个角色，包括两个测试对象和一个测试者。测试对象A是一台计算机，测试对象B是一个人；测试者C是一个人。

三个角色相互隔离，交流只能通过文字渠道，就像现在不用音频也不用视频的私聊一样。测试者C向测试对象A和B提问，A和B回答。通过充分的问答之后，如果测试者C不能区分出对象A和B哪个是人哪个是机器，则机器A就通过了测试，表明它具有与人类相当的智能水平。

注意，虽然测试结果取决于测试对象机器和人的表现是否能被测试者区分，但这并不意味着测试目的是为了区分机器和人——不能颠倒因果，不能弄混动机和结果。

上述典型测试框架，有的称为"标准图灵测试"。除此之外，当然还有其他可能，比如一个人类测试者，面对一个测试对象——以各一半的概率出现人或计算机，测试者向测试对象提问，如果整个过程中无法区分人和计算机，则计算机通过测试。其实这与标准图灵测试没有本质不同，只是把"并行"改成了"串行"而已。

有一个微妙因素会对图灵测试结果产生影响：是否应该让测试者知道有计算机参与测试，是否需要"盲试验"？人们发现，测试者知道和不知道有计算机参与,测试结果相当不同。

其实,所谓"盲试验",还要看谁"盲"。单盲试验中,试验者(如图灵测试中的测试者)完全知情,即"不盲",而试验参加者(如图灵测试中的测试对象)不知情,即"盲";双盲试验中则是试验者和试验参加者"双盲"。

标准图灵测试中,假如是这种情况:两个测试对象计算机A和人B都知情,即"不盲",反倒是测试者C不知情,即"盲"(比如不知道某一轮测试中是否有机器参加),那么这应该属于"单盲试验",但与通常的单盲试验中是试验者知情的模式相反。这种情形其实更接近图灵原文中描述的方式:他称为"模仿游戏",即计算机A尽量模仿人类的行为以诱使测试者C产生错误判断,即把它判定为一个人——可见计算机A是"知情"的。

实际有没有机器通过了图灵测试呢?

罗布纳奖(Loebner Prize)年度比赛采用标准图灵测试,即一人类裁判同时与一计算机程序(如聊天机器人)和一人类个体进行文本对话,并根据回应情况判定谁是谁。比赛要选出最像人类的计算机程序。

让我们看看最近(2018年)的结果吧:

进入决赛的4个聊天机器人,无一能够骗过人类裁判而被认为是人,而且差距太明显了——其中裁判们给冠军的平均分数(代表"像人"的程度)仅为33%。

这个33%还并不意味着机器与人类的智能差距只有67%——实际比这大得多。

当然,在有的专门领域,机器已胜过人类,甚至是完胜,比如下国际象棋、下围棋。

在下棋这样的领域进行标准图灵测试，结果会是怎样的？是人类测试者不能区分机器和人吗？不，完全能区分：强的那个是机器，弱的那个是人。如果能区分，按照标准图灵测试的描述，那不就是没通过图灵测试吗？比人还强却被判定为没通过测试，是讲不通的。

看来，图灵测试的描述可稍加改进：如果人类测试者选出的强者是机器，则该机器通过图灵测试。这正好说明，跟反向图灵测试不同，图灵测试本质上不是"区分人机"，而是"评估机器的智能水平"。

当一作画程序和一普通人分别画了一幅画，一个显得基本功特别好而另一个完全是业余水平都算不上，于是人类裁判毫不犹豫判定好的那一幅是机器作的。这个结果不仅不应该被看作是对机器的否定，而且应该恰恰相反。

与此形成鲜明对比的是，首次罗布纳奖是被一个毫无智能可言的程序夺得的，原因是它被设计成会出现拼写错误，人类裁判毫不犹豫就认为它是人类，因为一般来说机器不会出现拼写错误。这种荒谬结果是必须避免的。

所以，图灵测试必须去挑选"最强"的，而不是"最像"的。

在下国际象棋、下围棋这样的领域，最强的就是机器了，可以说它们已彻底通过了图灵测试。

不过，这只能叫作"主题专家图灵测试"（subject matter expert Turing test），它比起一般的图灵测试——本质上对应着通用人工智能（artificial general intelligence）——弱得太多了。

而且，通常的图灵测试还只是"纸上谈兵"的形式——不见面、不发声，所以主要测试的是思考方面的能力。如果要见面、要发声，机器还必须具备额外的能力，比如感知和行动，要能看能听，会走路拿东西。这种情形下的图灵测试，叫作"完全图灵测试"（total Turing test）。

如果觉得这还不够，那就索性把智能机器人放到人类社会中去，让它在现实中跟人类同台竞技。假如结果是它被人认为是人，那么它就通过了完全图灵测试；假如它被人认为不是人但强于人，那么它通过的，连完全图灵测试都"难以名状"，只能称之为——终极图灵测试。

招牌上写的是"Namiya General Store"，这是一家杂货店，坐落在僻静的街角。

那时他对英文一窍不通，只是听说这家店不仅出售日用杂货，还能解决一切烦恼。

深夜里，街道空无一人。他走近杂货店紧闭的卷帘门前，半信半疑之中把写好的信朝着一字形信件口投了进去。

他焦急地等待着，恨不得马上得到回应。他毫无睡意，躲在店对面某处守候着，一直悄悄观察谁会把答案送出来。

整夜没有任何人进出。

第二天清晨，天刚蒙蒙亮，他迫不及待跑到店外的牛奶箱那里。当他取出给自己的回信时，别提有多么惊异了。

"真有奇迹啊！"在以后的年月里不折不扣照着杂货店回信中的提示做出多项英明决策并取得巨大成功之后，他不禁常常发出这样的感叹。

但是他的朋友从来不信他的故事。他的朋友知道那家杂货店，那是一位美国老人开的，店里只有这位老人，并且他的朋友也听说老人会为人们解答任何疑难问题、人生困惑，只要将烦恼写在信中，夜里从卷帘门上的口子投入，第二天就能在店外的牛奶箱里拿到答案。

"那时你不是对英文一窍不通吗,你怎么写信,怎么提出问题的?"他的朋友如此质疑道。

他对朋友解释说:"我就是用中文写的。"

"中文?那美国老人根本就不懂中文。你说答案也是中文写的,那么美国老人不仅看懂了,还会写中文了?你不是说一整夜都没人进出吗,那也就不可能有人帮美国老人读写中文——你的故事简直是漏洞百出!"

他的朋友一万个不信。最后连他自己也开始觉得很奇怪——是不是一场梦啊?

但明明这些年我就是大赚了、大发了嘛,照着从杂货店得到的回信所提示的做法!——他在兜里摸了摸自己都不清楚究竟有好多张的银行白金卡。

店里只有根本不懂中文的美国老人独自一人。投进去的问题是中文的,取出来的答案也是中文的。这可能吗?——假设场景设定在只能用纸和笔交流的年代。

这是完全可能的。

假设是在只能用纸和笔交流的年代。

假想有一个房间,里边只有一个人,而且是一个美国老人,只会英语,对中文一窍不通。

这个房间很怪,完全封闭,只有门上有一条细缝可以递条子进出。

房间外面的人,只懂中文,对英语一窍不通,只能通过门上的细缝向里面递送用中文写成的字条跟房内的美国老人交流。

让房间外面的人吃惊的是，交流很顺畅，毫无障碍，美国老人递出的字条居然也是中文写的！

明明房间里的美国老人对中文一窍不通，怎么会……难道这个房间本身懂中文？

原来，房间里有一本用英文写成的手册，是一份操作指南大全，清楚地指示了该如何处理收到的中文及如何以中文回复。当房外的人不断向房内递进用中文写的问题，房内的人便从手册查找到合适的指示，将相应的中文字符组合成对问题的解答，并将答案递出房间。

这就是20世纪80年代哲学家约翰·希尔勒提出的"中文房间"（Chinese Room）思想实验。

30年后东野圭吾创作的小说《解忧杂货店》有没有从希尔勒的"中文房间"获得什么灵感，我们并不在意，我们只是在开头把小说中的日本"浪矢杂货店"改成了一个美国"中文房间"——我们关心的是房间本身是否能"思考"，是否具有"智能"。

图灵1950年在他的论文《计算机器与智能》中提出了"机器能思考吗？"这个重大问题，并通过对后来称为"图灵测试"的描述和分析，得出了他的看法：机器能思考。

希尔勒则在他1980年的论文《心智、大脑和程序》中，通过"中文房间"思想实验，得出了不同的结论：无论计算机程序使得计算机表现得多么智能或多么像人，它都不具备人类那样的心智。

在"中文房间"里，在房外的人看来房里的人懂中文，其实房里的人根本不懂中文。

希尔勒是用他的"中文房间"做一个类比：房间加上里边不

懂中文的人，相当于计算机，而房间里的手册则相当于计算机程序。"房间"这个计算机系统，通过运行"手册"这个程序所表现出来的"懂中文"的智能行为，只是模拟出来的，并非房间真的具备"懂中文"这个能力。

所以希尔勒认为，运行程序的计算机并不具备心智和意识。这不是跟图灵的观点"机器能思考"尖锐对立的吗？

其实不然。希尔勒关于"中文房间"的论述，强调的是计算机不会真正拥有心智，即便能表现出有心智有意识的行为或功能。换言之，他强调的是"拥有心智"，不同于"显示出拥有心智"。

"拥有心智"与"显示出拥有心智"，也许是有着本质差别的。

让我们看看下面一段。

01100000

10111110 0000000010100000010000011000000000

1000110110111110 0000000001110000111111100111111111

1100011110000111 1011000011000100000000110000000000 01110100

01010111

1000001111001101 11111111

11101011 00001110

10010000

10010000

10010000

1000101000000110

01000110

1000100000000111

01000111

0000000111011011

01110101 00000111

0000000111011011

01110101 00000111

这不是印刷乱码什么的。这是一段机器程序，极小的片段。尽管实际上一个普通程序的机器码都可能是这段程序片段长度的千万倍，但这个小片段展示了传统计算机是怎样进行"思考"的，展示了数字计算机"思考"过程最微观的细节。

那些显示出高度智力水平的计算机程序，那些在专业领域战胜了人类的计算机程序［比如阿尔法狗（AlphaGo，直译阿尔法围棋）］，都不过是由这样的简单的机器码以及数据构成的。

执行着这样的机器代码的计算机，无论显示出有多么高级的智力水平，能说它真正具有"心智"或"意识"吗？好像确实不能这样说。人的思维过程一定不是这个样子的。

即便我们造出了表现出强人工智能的计算机，也并不能说它内在具备"心智"和"意识"吧？这似乎是对的。

然而，并不能断然否定这样一个事实：简单可以创生复杂。正如万物都是由种类十分有限的原子构成，任何复杂的生命都是由相对简单的细胞构成。因此，就智能而言，也完全可能通过大量没什么智能的基本单元形成整体涌现出智能的结构。

而且，对于人工智能的目标而言，对于人类要创造强人工智能或通用人工智能的梦想而言，"内部机制"应该只是手段，"外部行为"才是目的。不同的机制，有可能产生水平相当的效果，甚至达到更高的水准。例如飞行，人造的飞机和太空飞船，都跟鸟的飞行机制非常不同，而且飞行的高度和距离，都远远超过了鸟类。

当然，自然界永远是启发人类创造的重要源泉，哪怕我们采用的是并不可靠的类比。人的大脑和心智的关系，还是一个远未弄清的谜。哲学上，二元论认为大脑和心智是独立存在的，一元论则认为两者中只有一个是决定性的——唯物主义认为大脑决定心智，物质决定精神，唯心主义则相反。至少按照唯物主义，人类的大脑机制，必定是人类去创造强人工智能最不可缺少的启示。

夜深人静，屋内。卷帘门那边传来"窸窣"一声。

三人回头，只见从门上投递细口插进来的一页折叠信笺飘然落地。

三人展开了信纸，在暖色的灯光下凑在一块儿反复读着这封信。

有几个问题让我百思不解、夜不能寐，深陷忧烦之中不能自拔。请您为我解答好吗？

机器不会有心智吗？

心智是什么呢？

什么是心智是什么呢？

什么是什么是什么呢？

如果无心智的机器能回答上面这样的问题，那它是不是就有心智呢？

谢谢您。

信笺上如此写道。

三位年轻人，在这黑夜的屋里，要为人答问解忧。该怎么回答这几个问题呢？

他们是在偷窃后逃到了这废弃的房中的，却发现自己置身在那个浪矢杂货店里，时间是早已过去了的20世纪80年代。

未来。但这是尚未抵达现在的未来，是过去的未来。

两名人类工程师带着一个智能机器人前往水星执行任务，要将水星上一个已经闲置十年的采矿基地重新启动，投入运行。

他们顺利抵达水星采矿基地。但他们很快发现，为生命保障系统提供能源的光电材料即将耗尽，而可以取得材料的最近地点在27公里之外。虽然这个距离在地球上还算近，但在水星恶劣的环境中，人类难以承受路途中的高温。于是，两人派机器人去采集材料，这对它而言实属小事一桩。

然而机器人一去不返。来回不到60公里的路程，机器人却5小时不见归来。

于是两人启用基地中一个相当原始的机器人载他们去查明情况。

到达现场时，他们发现那个机器人正在绕着材料熔池跑圈，摇摇晃晃，像人喝醉了酒一样。人类工程师叫它赶紧采集材料，但它却不像正常情况下那样听从命令，而是开始胡言乱语，好像是疯了。

怎么回事，机器人真的疯了？

这是阿西莫夫写于1941年的短篇小说《环舞》中的情节，它后来被收入小说集《我，机器人》。

阿西莫夫的著名"机器人三定律"，首次出现就是在这篇小说中。机器人三定律是这样陈述的：

第一定律：机器人不得伤害人，也不能对人受到伤害坐视不管。

第二定律：机器人必须服从人的命令，除了与第一定律冲突的命令以外。

第三定律：机器人必须保护自己的生存，只要这种保护不与第一定律和第二定律冲突。

在《环舞》的故事中，那个叫"快手"的智能机器人确实被逼"疯"了，这正是因为它严格地遵守了机器人三定律。

故事的后续发展是这样的。

两位人类工程师，把目光从跑圈环舞的快手身上移开，聚焦到材料熔池。他们忽然想到了原因。

材料熔池比预想的危险。快手机器人按照第三定律的要求必须保护自己，不能毁了——只要不违反第一定律和第二定律。快手判断，要在熔池中采集材料，自己很可能毁灭。但如果撤回，则没有服从人类要它采集材料的命令，因而违反了第二定律。快手在第二定律和第三定律的极度矛盾之中，采取了它认为合理的折中方式：围着材料熔池跑圈圈。于是出现了古怪的环舞行为。

导致这个意外局面的原因是，两位人类工程师在给快手下达采集材料的命令时，没有强调此任务与第一定律的关系，即生命维持系统关乎人类的生死。

但现在告知快手这一点已经晚了，它在极度矛盾之中"心智"发生混乱，已经无法接受任何新的命令，结果必将是永远环

舞下去。最后人类只有施以苦肉计，冒险走到水星灼热的日光下，才迫使快手的"心智"回到第一定律起作用的层面，并成功解决了采集材料的问题。

智能机器人，由于其行为的复杂性，不能只顾它能带来的好处，还得考虑安全性的问题，这是人们早就在思考的。而安全的根本出发点，当然是要站在人类的立场。

那么，从人类的角度，什么样的机器人才是理想的呢？阿西莫夫的"机器人三定律"就是一个很好的回答。"机器人三定律"虽是源自一篇小说，但却不乏严肃性和科学性。

对理想机器人的要求，以人类视角，可考虑正反两个方面：首先是要"避害"，然后是要"趋利"。"避害"放在首要位置是因为这涉及对人类的直接威胁。以此为基础来检验机器人三定律，看其是否确实准确描述了对理想机器人的要求。

第一定律："机器人不得伤害人，也不能对人受到伤害坐视不管。"说的就是，机器人不仅自己不能去伤害人，而且在人受到伤害威胁时，还要伸以援手，而不是袖手旁观。这一条，使得机器人对人的安全性有了充足的保障。这是属于人类"避害"的范畴。按照这一法则，即便是一个人要自杀，机器人看到了也得去阻止和施救。

第二定律："机器人必须服从人类的命令，除了与第一定律冲突的命令以外。"讲的是机器人得为人类做事，但当然不能做伤害人那样的事。这是关于人类"趋利"的范畴。这一条，使得机器人有了很大的用处。事实上，人类造出智能机器人，目的就是要它为人类做事。所以，如果它不听话，不按人的意图办事，那还造它干吗呢？因此，这一条也必不可少。

第三定律："机器人必须保护自己的生存，只要这种保护不与第一定律和第二定律冲突。"这一条相对较为微妙，不一定一开始就会想到其必要性。这一条为什么必要？假如机器人只是不伤害人并且按人的命令做事，但在不折不扣按人的指令执行任务中，十分卖力，万分勇猛，以致毫不珍惜自己的"生命"，那就完全可能没几下子就"牺牲"了。这其实是损害了人的利益，因为智能机器人毕竟是人的财产，而且可能是相当昂贵的财产。所以，"机器人要保护自己"这一条仍然是必不可少的。这条法则是属于"避害"或是"趋利"？概念上仍是前者，是避免人类财产受到损害。

机器人三定律，三条都具有必要性，每一条都是"理想机器人"的必要条件。

那我们问，这三条是不是"理想的机器人"的联合充分条件呢？即如果一个机器人遵循这三条定律，那么它是否确实就是理想的机器人？

不会伤害人，还会保护人；会按人的意愿和要求做事，只是不做害人的事而已；也会保护好自己，只要不会因此伤到人，能为人更长久地服务——还有什么样的人，不，什么样的机器人比这更好呢？

看来，这三条也具有充分性。因此，机器人三定律是理想机器人的充分必要条件，有着相当的严密性。

真的一点漏洞都没有吗？

其实"机器人三定律"并非完美，人们早就发现它存在一些问题，并做出了改进。

假如一个人因为机器人没把事情做好，发起脾气来，一时冲动向机器人大叫一声"你去死吧"，那么按照第二定律，机器人就得服从人的命令立即自毁。人是有情绪的动物，并非时时刻刻都是理性的，但第二定律和第三定律并没有考虑到这个因素。

为了避免由于主人情绪失控发飙导致机器人枉自毁灭的这类结果，可做类似这样的改进：把第三定律"机器人必须保护自己的生存，只要这种保护不与第一定律和第二定律冲突"改成"机器人必须保护自己的生存，只要这种保护不与第一定律冲突"，并将其优先序提升到与第二定律并列。

这样修改之后，"机器人三定律"就完美无瑕了吧？

仍然不是。例如让机器人执行不会伤害人但会伤害它自己的任务，就出现了并列的第二定律和第三定律相互矛盾的情形。所以后来还有人添加更多的定律，甚至有了第五定律、第六定律。

事实上，机器人三定律的改进者中，也包括阿西莫夫本人。

在《环舞》里首次提出"机器人三定律"长达44年之后，

1985年，阿西莫夫又在他的长篇小说《机器人与帝国》中，补充了一条新的定律，并将其置于原先的所有三条定律之上，成为最高优先级的一条，命名为"第零定律"：机器人不得伤害人类，或坐视人类受到伤害。增加这一条之后，原先的各条都要加上"除非违背第零定律"。

为什么会有这一条？其实不难想象。

一艘船在大洋上航行时遭遇海盗袭击，船上有人身负重伤。海盗继续攻击，造成更多伤亡。这时，船上强悍的智能机器人最有能力拿起武器回击并消灭海盗。但按照机器人第一定律，机器人不能伤害人类，也就不能去击毙海盗，所以它只能选择去救护船上的伤者，去保护没有受伤的人，忙得顾此失彼。这是本来强悍却又多么文弱的机器人啊！

如果有了最高优先级的机器人"第零定律"，就绝不会出现这种局面了。有了这条定律，强悍的机器人为了最高优先级的"人类"不受伤害，这时不仅绝不会坐视不管，而且必定会采取强有力的手段，击毙完全不能代表"人类"的海盗人类个体。

阿西莫夫添加最高级别的"第零定律"的良苦用心正是这样的：为了人类本身，不惜让机器人可以消灭特定的人类个体。

自从人类成为主宰这个星球的唯一高等智能物种，人类受到的有意性安全威胁可以说就只有人类自身了。

但这笼统的说法，可能会无意中掩盖了问题的复杂性。

这世上有无数的个人、家族、团体和组织，还有众多的民族、大量的国家，谁威胁谁？

这世上有好的与坏的、善的与恶的，还有强的与弱的，谁

"好"谁"坏",谁"善"谁"恶"?"好的""善的"一定强吗,"坏的""恶的"一定弱吗?

这一切已经太复杂了。

在这已经太复杂的局面之下,如果又出现了可匹敌人类的高级智能新物种——具有强人工智能的机器人,那又会是怎样一种情形呢?

我们不能天真地认为机器人当然就是听人话的、为人服务的。

暂且不说想要确保能学会变的高智能主体"听话"是多么困难的一件事情,只说这星球上有无数个人和组织、大量民族和国家,我们要机器人"听话",是听谁的话?它今天听你的,明天也必定听你的?

强智能主体本身就意味着,要驾驭它绝非轻而易举。

由此注定了强人工智能的安全性是一个不得不担忧的重大问题,它不是寥寥几条规定就能轻易解决的。

这也是为什么阿西莫夫念念不忘操心了几十年的原因。

现时浪潮

我被请上了场。

本是作为演播现场的观众来欣赏节目的，这时却忽然被主持人即兴点中上场互动，成为一名临时选手加入比赛中。

这完全没想到。不过看来真不是托儿的情况也有，此刻我就再清楚不过了。

我并没有觉得什么忐忑之类的，相反还跃跃欲试，认为自己脑袋还算可以，遂以轻快其实是急迫的步伐向前冲去，一个趔趄差点扑倒在主持人脚下。

"来，这边儿请！"主持人对我说，脸上的笑还没收尽，"您可以选择难度小一点的，但至少在这个赛场上，至少20位吧，怎么样？"

"什……"我本想问是什么题目，因为刚才略微激动，此刻一时间头脑有点空白，但随即反应超快地大气地说，"由您定吧！请描述题目的严格要求！"

"好，我们将随机生成一个20位的数字，您需要算出它的13次方根，算出答案的时间就是您的成绩——要求是心算，不能借助任何工具，纸和笔都不能用。明白吗？"

我机械地说了声"明白"之后，主持人发出指令，生成的数字马上显示出来，计时立即开始。

10260628712958602189

大屏上显示着这个数字。我需要算它的13次方根，就是开13次方，要心算。

时间起码过了好几分钟了。我盯着大屏幕，就像是在计算着而且有能力算出来一样。其实我的大脑里边完全没动静——或者说是有动静的，我在想怎么下台去。

"停下，停下！"真是救了命，主持人！——哦，不，说"停下"的，是从后台发出的声音，普通话很不标准，像是外国人。

"有请——"果然，主持人喊道，但见我还在台上呆着，就先插了句"谢谢，请回"才接着说，"有请来自法国的亚历克西斯·勒迈尔上场！请问，您要挑战多少位？20位对您显然太少了！100位怎么样？"

"200位。"勒迈尔答道。77.99秒之后，他算出了随机给出的一个200位数的13次方根，结果完全正确。

"新世界纪录诞……"主持人这激动的话音，被从后台传来的另一个声音

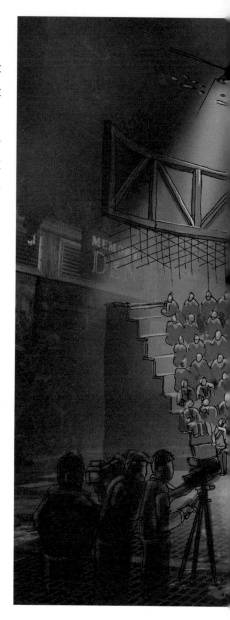

粗暴打断了，那个声音说："我挑战！"当主持人在惊诧中忘了先请选手上场而直接问"您要挑战多少位？"时，那个声音答道："就2000位算了吧。"口气好像表示这还很不过瘾似的。

一个随机生成的2000位数的13次方根，"那个声音"瞬间就给出了正确答案，计时都还没来得及开始。

那个声音，是一台电脑。

这并非引进自德国的电视节目《最强大脑》的真实场景。不过，该节目上，来自各方的"最强大脑"人类选手们轮番上阵，比拼超强的记忆力、速算能力、辨析能力，表现惊人。

特大数字（比如从十几位到200位）开高次方（比如开13次方）的心算，就是这类节目中著名的竞技项目之一。

然而，假如让计算机参赛，与人类选手比速算，就太不公平了，就像拿狙击步枪对战500米外的长矛。

有人说，人心算还是比计算机快，因为计算机得把一两百位数字输入之后才能计算，得花不少时间，这期间人都算出结果来了。

输入慢吗，是谁在输入呢，人工输入吗？那慢的恰恰还是人嘛。其实对于计算机而言，字符识别早就太简单太快了。

所以，若让计算机参加《最强大脑》，人根本没法同它比任何计算，要比的话结果只能是，"最强大脑"就是它，而且遥遥领先。这毫不奇怪，计算机如果连人都算不过，还叫什么计算机，人类还建造它来干什么呢？

计算能力方面，计算机远远超过人类，无论是在计算速度、精度，还是在所能计算的问题种类方面，都是总体胜过人类的。

计算机的记忆能力如何？它能不能在《最强大脑》中战胜具有超强记忆力的人类选手？

我们可以先做一个想象：假如一个具有超强记忆力的人，每天读一本200页的小说，过目不忘，读过之后能一字不差背下来；这个人如此看小说100年，全都记住了。

那么这个人记住了多少信息呢？每天一本书，100年就记住了约36500本书。记住的信息量，按一本200页的小说大约1MB算，那么36500本书大约是36500×1MB=35.6GB。

这人已是记忆领域万年难遇的"大神"级人物了——如果存在这样的人。但跟计算机相比，一台普通个人计算机，记住的信息量随便就可以翻好几倍，而且哪里需要花100年来记呢，几万分之一的时间就足够了，还会记得精准到极点。

所以，计算机的记忆能力，在精度、速度上，也是总体明显胜过人类。像是"'黄河远上白云间，一片孤城万仞山'的下一句是什么，诗的作者是谁？"，还有"《现代汉语词典》第29页的第二个词目是什么，以及整个词条的内容是什么？"等这类考记忆力的竞赛，绝不能让计算机参与。

计算机作为机器，显然还有其他优势，比如"耐力"超好，工作起来可以不眠不休。

计算力超强，记忆力超强，谁要是拥有计算机这样的能力，那不是智力超高的天才吗？

或者反过来问，计算机的智能是不是已经极高？

完全不是。其实，在很多问题上，计算机相当弱智，远远不是"最强大脑"，也根本不是人类的对手。比如，你跟它讨论一场电影的观感，它就根本不知所云；你要跟它吐露什么心声，那你必定更是感觉连对牛弹琴都不如。

就算你只是提出一个问题,想得到答案,即便你觉得讲得够清楚了,计算机给出的答案也常常不能让你满意,甚至完全风马牛不相及。这也难怪,有些问题对计算机而言太难了;如果计算机已经能令人满意地回答一切问题,那么时代立即就会彻底改变。

当然,改变也在持续发生。

美国自1964年推出至今仍深受欢迎的一个电视节目,叫作《危险边缘!》(*Jeopardy!*)。这个电视智力竞赛节目涵盖历史、语言、文学、艺术、科技、流行文化、体育、地理、文字游戏等多方面,其独特之处在于,要求参赛者根据问题答案提供的各种线索,找出答案对应的问题是什么,简言之,就是由答案到问题,而不是通常的由问题到答案。

例如,主持人说:"这个术语是20世纪60年代创造的,用来指发生了完全引力坍缩的恒星。"——这是题目,以某个问题的答案的形式出现,要求找出能够与这个答案正确对应的问题。几位参赛者按钮抢答,说对了加奖金,说错了减奖金。假设有谁抢答回应为"什么是红巨星?"主持人就会说"不对",该抢答者就被扣题目对应的金额(如200美元),然后抢答继续;这时如果谁以"什么是黑洞?"回应,那就对了。

这种"由答案求问题"的问题是有相当难度的,《危险边缘!》参赛者冠军创造的纪录,平均每场正确率仅为百分之三十几!

2011年,有个叫华生(Watson)的参赛者来到《危险边缘!》,一举击败了长期霸占该节目冠亚军、史上最著名的两位传奇选手,获得冠军,赢得百万美元奖金。

华生，以IBM首位总裁的姓命名，是一个用自然语言进行交互的问-答计算机系统。

华生显示出的智能背后，是强大的技术支撑。除了基本的硬件和软件资源层面，关键在于它具备：第一，强大的知识库，包括维基百科和其他知识库、地理与天气知识库、各种词典和词表、通用本体等；第二，相当强的自然语言处理能力，特别是自然语言理解能力；第三，相当强的信息检索和推理能力。

如此强悍的华生，是否能通过图灵测试了？

IBM在与《危险边缘！》节目组沟通的过程中，反复表达了一种关切，就是希望节目的出题者不要针对华生在认知方面的不足，弄出一些对华生不利的题目来，把竞赛搞成一个图灵测试。

这个事实本身就已经足以回答前面的问题了。

目前机器不擅长的方面仍然很多，包括感知、认知、自然语言理解、常识推理、不确定环境下的学习、规划和决策，以及行动。这些方面对人类而言都是很普通的，但却是人工智能领域的难题，迄今都远未达到真正解决的地步，是不折不扣的"硬骨头"。

比如在人工智能领域，"常识推理"恰恰比"专业领域推理"难得多，人工智能项目Cyc的宏大目标，就是要建立常识性的本体和知识库，解决常识推理的难题。但Cyc从20世纪80年代启动至今，30多年过去了仍未完成，任务之艰巨远超当初的想象。

智能机器要全面成为"最强大脑"，道路还很漫长。

今天的人们，很多时候生活在新空间中。

当然，他们大多也不会舍弃旧空间的。有的时候会在新空间里，有的时候又在旧空间里；还有很多时候，是活跃与狂欢在新旧空间的交界地带。

新空间当然不是指天涯海角的另一家宅，并借以如候鸟迁徙般惬意挪动的概念。有了新空间之后的生活特征，可大致概括如下（排名不分先后）：

搜搜搜、查查查、下下下，点点点、看看看、听听听；

拍拍拍、发发发、秀秀秀，聊聊聊、喊喊喊、灌灌灌；

逛逛逛、找找找、订订订，买买买、扫扫扫、付付付；

以及看屏幕比看人脸更要紧，给食物照相比自己进食更要紧……

这个新空间就是电脑空间，就是网络空间，也称赛博空间。

人们在电脑空间中的活动时间大大增加了。桌上有电脑，膝上有电脑，兜里更是总揣着或手里随时都拿着精巧万能的电脑——叫作智能手机或就叫手机。

一天没食物，问题不大；一天没手机，茶饭不思。

那么，愿意钱包丢了还是手机丢了？

如果非得弄丢一样，那么宁可钱包不见了手机还在。并不是指手机多么贵。即便它还不值钱包里那点钱，它仍然比钱包更重要，重要得多。

不是因为手机里的东西太多，而是因为那些东西太关键了。

除了为你提供信息、通信、娱乐、定位导航等无数便利外，手机可以代表你的身份，它有你的个人可识别信息和大量亲友们的信息，它有你的生活轨迹，它可以花钱转账，进行各种支付，它连接着你的同学们、同事们、朋友们和整个社会圈子……

手机的"权力"太大了，失去它不仅意味着失去了便利，而且一旦落入不良黑客手中更会导致巨大麻烦和重大损失。

常在新空间来往穿行的人们，仅仅做到手机不遗失、电脑保管好还不够，远远不够。不然为什么还有那么多人正是"凭借"着就在自己手中的手机上当受骗了呢？

网络空间是一个开放的世界，里边什么角色都有，好的、坏的，无知的、蓄意的。其中最为糟糕的情况是，"无知的好"对阵"蓄意的坏"——前者败局已定，而这种情况其实相当"常态"。只有"足知的好"才能战胜"蓄意的坏"。

网络空间安全的一个最大难题，就是得对付源自人这种智能主体的目的性行为的威胁。

在现实空间中，人们可以讲悄悄话以免让外人听到不想透露的"密语"；人们可以对一份签了字、摁了手印、盖了公章还有骑缝章的合同感到放心。

而在网络空间中，你怎么知道没"外人"在"旁边"听着（窃听）你们的对话呢？你们之间的谈话完全可能是由某个"第三者"转发的而且还可能被"修改"了一下（中间人攻击），你却浑然不觉。你怎么知道一份电子合同不是伪造的或经过篡改的呢？怎么相信一张电子发票确实是真的呢？怎么知道你访问的银行网站页面与真的精确一致但其实完全是假的、要骗你钱的（钓鱼网站）呢？

在网络空间中，我们需要有信息保密的能力，有鉴别真伪的能力。同时我们也需要能够保障让我们自己和合法的相关方获得所需信息。我们还需要消除一份签署了的电子合同不会被任何一方赖账的可能性……

这一切都是可以办到的，而且是以足够的强度。

因为我们手里有金钥匙。

那就是密码学。

粗略地，网络空间里，我们可以对信息（明文）进行加密，得到的结果（密文）没有任何人看得懂，解密之后才能看懂。

加密和解密都要用到"钥匙"。加密好比用钥匙"上锁"，解密好比用钥匙"开锁"。具体地讲，最基本的"元件"，我们有如下三个，由它们可以构造出所需的各类安全系统。

第一，对称加密算法。设 M 是需要加密的消息（可以是任何数据）即明文，K 是密钥，C 是加密得到的密文。其中 M、K、C 本质上都是数据，并且都可被统一视为比特串。

那么，加密就是做运算 $E_K(M) = C$，解密就是做运算 $D_K(C) = M$，其中 E 和 D 分别代表加密和解密算法，二者可能相同，也可能不同。

对称加密算法的特点是，"上锁"（加密）和"开锁"（解密）用的是同一把"钥匙"（密钥）。

第二，非对称加密算法。其特点是"上锁"和"开锁"分别用不同的钥匙，比如加密用 Ka 这把钥匙，$E_{Ka}(M)=C$，解密用 Kb 这把钥匙，$D_{Kb}(C)=M$。所以钥匙的制造（密钥生成）每次都是成对的。

由于两把钥匙不同，就可以"私藏"一把保密起来（私钥 Kr），而另一把则公开出去（公钥 Ku）。一对钥匙中，哪把作私钥哪把作公钥是随意的，但是一旦选好了，这私钥世界上就只能自己知道、拥有，不能让任何其他方知道、拥有。

第三，哈希函数。它对任意数据——不管多大的规模——进行运算，得出通常很小的固定长度的数据。设 H 代表一个哈希函数，对数据 M 进行运算：$H(M)=h$，得到的结果称为 M 的哈希值。

哈希变换的效果大致是"全部搅混后仅取一小部分作代表"，所以哈希值 h 常被视为数据 M 的摘要。这一特点使得哈希函数与加密算法不同，它是不可逆的，即无法由摘要 h 唯一地求出数据 M。

例如，设 H 是输出为256位的哈希函数，那么对长度为512比特的数据 M，可得摘要 $H(M)=h$ 是长度为256的比特串；但反过来，给定一个长度为256的比特串，哪怕假定知道它是某个长度仅为512的比特串 M 的哈希值，也无法唯一地确定 M——因为平均而言，有 $2^{512}/2^{256}=2^{256}$ 种可能，这是一个天文数字。

这"三大件"，有什么作用？有两大作用。

一是数据的保密。你有一段不想让"外人"知道的消息要发给对方，加密就行了，把明文变成密文。用对称加密算法，唯一的密钥只有你和对方知道。

当然也可用非对称加密。这时有公钥和私钥两把钥匙，该用哪个？答案是公钥，且是对方的公钥，而不是你自己的。为什么？想想就清楚了。

不过，非对称加密用作消息本身的加密太昂贵了，或者说大材小用了，因为虽然它更"多才多艺"（因为有两把不同的"钥匙"），但用来加密大块数据，性能（处理速度）远不如对称加密。

二是数据的真伪鉴别。消息的来源、内容、产生的时间以及先后，这些都有个真伪的问题。归根结底都是数据真伪的问题：有没有被篡改，是否根本就是伪造的。

这看起来比较难办：电子数据，不是很好改吗？改过之后又看不出有什么痕迹，就好比打错了几个字，改了就改了，不是跟"新的"完全一样吗？不像在纸上，擦掉重写总是不如原来的了。

办法还是加密。"加密"与"真伪鉴别"有关系吗？

原理其实很简单：明文易改，密文难动。就是说，要想改密文，根本无从下手，或者即便改动哪怕仅仅一个比特都百分之百会被发现。

例如，要把"BANGAIYINIAONUOQIANDONGXIRU DEQIEHOUBING"做一点有意义的改动绝非轻而易举，因为它是密文（尽管是用很初级的方法得到的），但把"并借以如候鸟迁徙般惬意挪动的概念"改成"并借以如角马迁徙般艰辛运动的概念"就易如反掌了。

然而，采用对整个数据加密的办法去防止篡改和伪造不仅没必要，而且可能不适用。有大量的场景，需要的就只是"真实"而无需保密。政府颁布的法律的电子文件，就是要让任何人看到，不需要对世界上任何人保密，甚至恰恰相反——需要大众人人皆知。对这种文件而言，最重要的在于它必须是不折不扣真实的。在这种场景下，整块数据的加密就不仅是不必要的昂贵办法——即便用对称加密——而且妨碍了法律文件的宣传。

那么，任一块数据、任一比特串不加密从一处传送到另一处，如何保证它们不会被篡改，或者说哪怕仅有一个比特的改动也能被发现呢？其基本原理是这样的：

为发送的消息M附上一块小标记（消息认证码）MAC。这个标记是由消息M和一个密钥K"混合"并"摘要"出来的，即$MAC=F(M, K)$，其中密钥K只有你和对方知道。

把(M, MAC)一起发给对方。如果消息M中途被某个中间人篡改了，比如对方收到的是(M', MAC')，那么对方可通过验证发现$F(M', K) \neq MAC'$，立即就知道消息被篡改了。

哈希函数在哪里起作用了？在生成消息验证码$MAC=F(M,K)$过程中，F的具体的实现方案就是这几种：$MAC=H(M\|K)$，或$MAC=E_K(H(M))$，或$MAC=E_{Kr}(H(M))$，其中H代表密码学中的安全哈希函数，$\|$表示字串拼接，E_K和E_{Kr}分别代表对称和非对称加密算法（加密的是消息的哈希值而非消息本身）。

在采用非对称加密算法的消息认证码方案中，你给对方发消息，要用你自己的私钥，对方用你的公钥来验证消息的真伪——这种方案实际上正是非对称加密的一大用途：数字签名。这意义重大。

数字签名本质上就等于"哈希+私钥加密"，即$DS=E_{Kr}(H(M))$，也不过就是一种消息认证码，这不复杂，但足够强大：除了任何人不能篡改和伪造电子文件外，由于私钥指向唯一的实体，所以连私钥拥有者自己也无法否认自己签署了某个文件（不可否认性、抗抵赖性）；由于公钥对任何人公开，所以全世界的人都可以验证这一切——非对称加密能做到这一点,对称加密做不到。

可见,把非对称加密低效地用于加密大块的消息本身就太不划算了。对消息内容的加密一般产生一个用于对称加密的临时密钥(会话密钥)就行了。方法大致有两种:

一是你产生密钥(随机性越强越好),然后用对方的公钥加密后发给对方,对方用自己的私钥解密(非对称加密用于密钥交换、

密钥分发）；

二是双方协商产生密钥，使得你和对方同时有了密钥。迪菲-赫尔曼密钥交换就是专做这事的（密钥产生、密钥协商）。

那么，私钥、公钥对，具体是在哪里产生的呢？一定是在拥有者（比如你自己）那里产生的，没有其他任何一方可以知道和拥有你的私钥，权威机构也不可以。

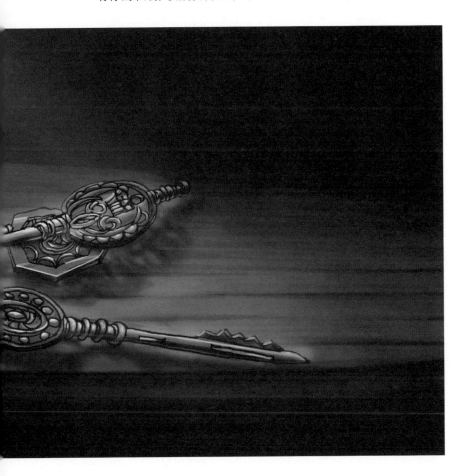

当然，有可能你对产生密钥对的过程毫无察觉，这是因为拥有智能的代理帮你处理了此事：你设备中的软件帮你做了密钥产生的事情，比如你的电脑、你的手机，以及你从银行那里获得的"U盾"（带处理芯片）之类的。你的任务是保护好你的私钥，应加上口令等访问控制措施，并保证别丢失存有私钥的装置（如"U盾"）。

当一个权威机构用它的私钥为一个电子文件签名之后，该电子文件的真实性就有了保障，全世界的人都可以用该权威机构的公钥去验证该文件的真伪。

有专门的机构用自己的私钥签署描述实体[个人、组织机构、设备（如服务器）及软件]身份信息的电子文件。那个专门机构就是数字证书颁发机构（数字证书认证机构），所签发的就是数字证书。这样，网络空间中活动着的实体也就有了身份证。

数字证书是公钥基础设施的核心，公钥基础设施则是网络世界的安全基石。

我们通过查验一个实体的数字证书是否有效，可以确定对方是不是其所声称的或显示出的那个真正的实体，而不是假的。

网络空间里，基本安全要素不少，包括机密性、真实性（完整性）、可用性、可控性、不可否认性、可追溯性、可审计性，等等。但若要说最基本的，就是两个方面：保密和真实。

比如，当你访问一个网站的时候，你应该（让可靠的浏览器代你）起码核实两件事：它的身份是真实的（网站的数字证书是否有效）而不是钓鱼网站，它和你的通信是不会被窃听或篡改的（消息加密、认证）……

数字签章比传统纸上的公章或钢印的伪造难度都要大得多。这是因为，除了未来量子计算机的威胁，人类还没有发现能在密钥足够长的情况下破解现代加密体系的可行方法。采用蛮力破解，在天文数字的年代之后都得不出结果来——到那时也许内嵌量子计算能力的人工智能，早已把世界变成另一个了。

所以，我们应该信赖拥有数字证书的实体签署的电子合同，应该相信拥有正规数字身份证的实体开具的电子发票……任何人都能验证这类带有数字签名的电子文档是否为真。让纸的用量趋于零，真正开启绿色环保的新时代。

上锁、开锁可用同一把钥匙，它叫密钥；上锁、开锁也可用两把不同的钥匙，一把是私钥，一把是公钥。密钥、私钥、公钥，在与真实世界一样辽阔的网络空间中，默默保护着人们，暗中微光闪烁。

一个人能认识多少人？几十、几百、几千，或是几万？也许我们会去查查智能手机上的通信录，把那些曾有联系的、正联系着的，或将要联系的，统统加起来，看看有多少。

就算儿时就开始广交朋友，三五天就主动结识一位"新人"——这显示他至少是百年一遇的奇才——到了百年寿辰，他认识的人，也难以突破一万。

而此星球上我们的同类已超过70亿。这意味着，一个人就算是"阅人无数"的奇才，他毕生认识的人，在有缘同期路过这世界的全部人当中，也最多不过占了百万分之一。

而且，实际的"熟人"数，比上述估计还要低得多。邓巴数（Dunbar's number），大概是150，是基于灵长类大脑容量估计得到的一个人所能维持稳定社会关系的人数上限。邓巴数不包含已中断联系和仅认识而缺乏持久社会关系的人数。如果把这些也包含进来，"熟人"数可能会增大很多，这跟一个人的长期记忆力也有关。但就算扩大20倍，也不过几千人罢了，仍然相当有限。

所以，当你走在人的洪流里，为美好生活奔波操劳偶感孤独的时候，不必觉得有多了不起，因为这必然是一个陌生人社会，是一个陌生人的数量多到让熟人可以忽略不计的世界。因此你其实并不孤单，必有大量英雄与你所感略同。

这就注定了一个人的生活归根结底其实更多是依赖于陌生人而不是熟人。

比方说，假如我们只吃熟人种的粮食和蔬菜、他们喂的猪牛羊和养的鱼，只住他们修的房子、只坐他们造的车……总之假如我们拒绝一切来自陌生人的产品和服务，结果要么是我们自己几乎无法在这个社会生活，要么是把我们所依靠的"熟人"全数累死。

看来我们不得不把自己的生活与希望寄托于陌生人了。

尤其在当今这个万物互联、虚拟空间已延伸到每个社会角落的新时代，我们更是把生活建立在从未谋面的无数陌生人的基础之上了。

这样的生活靠谱吗？这样的社会安全吗？

其实问题可归结为"陌生人"是否靠谱，"陌生人"是否安全。这个问题的笼统回答，应该为"否"，至少不应该全然为"是"。你看看1995年的好莱坞惊悚片《不要跟陌生人说话》就知道了。

对于缺乏充分了解的陌生人，是不能托付的。遗憾的是，我们无法去充分了解每一个与我们可能相遇的陌生人，尤其在虚拟无形的空间之中。

但是我们不能听之任之，把生活建立在"不靠谱""不安全"的基础之上。我们需要可靠的解决方案。

其实我们并不需要了解"陌生人"的一切。很多情况下，我们只需要知道其身份就行了，比如他是警察还是小偷，他是热心人还是骗子。

当需要某个主体提供商品或服务的时候，我们首先应该弄清

的是，对方是否真是那个特定的主体：特定的人、特定的组织机构，或特定的万维网服务器，等等。

这就是身份鉴别的问题，无论是现实世界里还是虚拟空间中，这个问题都是关于安全性的首要问题。

上当受骗的第一步，就是把对方声称的其实是虚假的身份，错当那个真实的身份了：把一粗男骗子认作历来向往的娇柔佳丽，神魂颠倒地发展成女友；把一精女骗子当作从小亲密此刻陷入困境急需救助的大哥。

这类事层出不穷，让人不得不服。不是说骗子骗术高明，而是说有些上当受骗者，在即便老套的骗术面前，在明明后果并不轻微的场景，也不去想想要核实一下对方的真实身份，毫无身份鉴别这个意识——是他们让人彻底服了。

如何鉴别身份？
首先弄清要鉴别谁的身份，谁是需要鉴别的对象，即身份的主体。

主体有这么几类：个人、组织机构、硬件设备（如一台计算机或一部手机）、软件（如一个程序或一个进程）。

身份鉴别主要有三大类方法，分别是"所知""所有""本是"。

第一，"所知"。就是你知道别人都不知道的一条秘密信息。典型的秘密信息就是口令、密码、密钥。比如，当你登录电脑时，输入自己的口令，电脑就完成了对你的身份鉴别，才让你使用它。

用"所知"来鉴别身份的关键，除了秘密性，就在于唯一性。比如你自己的密码只有你一个人知道，因此知道你的密码的人就是你自己，这是基本的假定，否则就无法进行准确的身份鉴别。这就要求你的密码不仅不能告诉他人，而且是不易被他人猜出和破解的，即密码得有足够的强度。

增加密码强度除了两个途径，别无他法：一是增大密码空间，比如增加密码的长度和所用不同字符的数量（如数字和大小写字母并用等）；二是增强密码的随机性，比如不要用有意义或有规律的，或者别人容易猜到的数字或字母组合。

第二，"所有"。就是你拥有别人都没有的一个物件。典型的就是身份证件，比如身份证、护照，以及银行卡一类的东西。采用所拥有的物件来鉴别主体的身份，起码的假定是该物件在这个世界上是独一无二的，不存在无法区分的复制品。对于这样的物件，要做到的就是，首先保管好别遗失，其次如果遗失就要在第一时间让它失效——挂失。

在虚拟的网络空间进行活动的实体，无论是个人还是组织机构、硬件设备还是软件，都可以拥有自己的"身份证"，即"数字证书"。数字证书有着传统"实体"证书完全不同的特点：它无需你自己保管，也不怕克隆——事实上就算克隆给全世界人手一份都没关系，因为别人"拿去"除了用来查看和验证你的身份之外别无他用，而你的身份则是由你的私钥确定的。

第三，"本是"。你本身具备别人抢都抢不走的独一无二的特征，你是谁就是谁。生物特征鉴别，就属此类，包括古老的指纹鉴别，较新的虹膜鉴别、视网膜鉴别，还有越来越流行的人脸鉴别等。

人脸鉴别之所以具有特别的地位，是因为人类本身多半就是"以脸识人"的，这是一种极自然的方式，原则上无需被鉴别者专门配合。"以声识人"和"以态识人"如何？关于前者，我们有声纹识别，而后者，我们有步态识别，都有用，但精度（即"结果唯一性"）在搜索空间较大时尚未达到极高的程度。

"所知""所有""本是"，这三大类身份鉴别方法事实上对应着三类性质不同的要素，即知道的唯一秘密信息、拥有的唯一物件、固有的唯一特征。重要场景下，把多个要素并用，显然可进一步提升身份鉴别的可靠性，比如采了指纹，又要求提供口令，这就是"多要素鉴别"。

在这个陌生人社会里，随时都发生着身份鉴别或被鉴别的事件。有时是你要鉴别"他人"的身份，有时是"他人"要鉴别你的身份。这里的"他人"也包括系统，比如你的电脑或手机。换句话说，有时你需要证明自己是谁，有时你需要验证别人是谁。

在这个陌生人世界中，在这个拉近了天边人又疏远了身边人的信息时代，这种"证明—验证"是为了安全，但其过程本身却又暗藏了风险：当你为了得到想要的、为了通过想要通过的，你不得不拼命地证明你是你的时候，你就可能在不知不觉中提供了你所知的秘密，交出了会泄露隐私的信息。

这肯定不美好。

因此我们要解决这个问题。我们的目标是：既要令人信服地证明我是我，又不透露任何秘密信息。这就是"零知识证明"。

零知识证明的基本逻辑是这样的：

第一，参与此过程——称为"交互式证明系统"——的主体有两方，分别是证明者和验证者；

第二，证明者要向验证者证明自己知道某个秘密信息，但又不透露该秘密信息本身；

第三，验证者要验证是否证明者真的知道那个秘密信息，在验证者不知道也不能获得该秘密信息的前提下。

能做到吗？略去严密的数学方法和烦琐的信息交互协议，让我们仅仅想象一个场景。

一个人号称掌握了一项超人绝技，能瞬间区分常人完全无法区分的两个几乎完全相同的物件。但是这个人并不愿意向世人透露他的绝技。

如何验证这个人究竟是功夫高人还是吹牛皮大王呢？

准备两个完全一样的水晶球，常人根本无法分辨两者有什么差异。

把两个球交给声称身怀绝技的那个人去分辨吗？这是不行的，他说有差别就有差别，到底是否真有差别根本无人能辨。

办法是，把两个球放在桌上，一左一右，叫那个人背过身去。然后随机决定是否交换两个球的位置，具体地，有一半的概率换了位置，有一半的概率没换。最后让那个人转过身来，快速判断到底两个球换位没有。

重复这个试验多次，若那个人真的身怀绝技，就会以远超一半的次数说对，否则只能有大约一半的次数说对。

类似的场景，最初是由以色列魏茨曼科学研究所的计算机科学教授奥代德·戈德赖希描述的。

这就是零知识证明。

零知识证明，这本身就是一种"绝技"。

在当今快节奏的世界，这种折射出科技之光的绝技是让我们可彼此信赖的基础，尽管你是陌生人，我也是陌生人。

　　颜色本身并无绝对优劣之分，你爱紫我爱红，只是反映了个体的审美差异。

　　但人性共通，存在审美共性，有大量事物对多数人来说好恶相同。

　　从共性看，色彩关键在搭配。出自无感于此的朋友的潇洒"作品"，可达到让人欲哭无泪的效果。例如把明度很高的黄色字写在白色纸上，看都看不清楚；把本应闪亮的红星画在颜色相邻的橙色底上，使之骤然黯淡无光。

　　而白纸黑字，纯红的旗帜鲜黄的星，则都注定是永恒的亮丽。

　　蓝色的背景白色的字，也是没问题的。

　　蓝色的巨人配白色帽子一顶，应是颇有些风采的。

　　一家世界级大公司正在高薪招聘。

　　这是一次有些奇怪的招聘，招聘广告极其简单：

　　要求——智能高、体能强；

　　程序——不接受任何应聘材料，只进行面试（两段面试）；

　　其他——有关细节透露与否或透露程度，面试中酌情而定。

特高薪资无法拒绝，世界各地大批智高体强者蜂拥而至。

首段秒杀面试（三秒视觉判定法，亦称"一见钟情"）中，淘汰了99.99%的应聘者，把十个轮值面试官差点累死。

末段重温面试，最后幸运进入的是为数不多的应聘者，他们有机会与面试官对话了。

"明白吗？"面试官问。

"明白！"这位应聘者答道。尽管面试官的问话中根本没提及是对什么明白，但显然自认为智能特高、信心爆棚的他回应得斩钉截铁："特高的薪资不是白拿的，一定有个试用期来证明我的能力，如果其间我不能胜任就一分钱都拿不到，完全明白！我将在试用期间向贵公司证明，贵公司选择我……"

"你被淘汰了。"面试官打断滔滔不绝的应聘者。这位应聘者的脸色马上暗了下去，离开时嘴里好像还咕哝了一句："为什么呢？我不明白。"

下一位应聘者出现在面试官前，用沉默和迷人的微笑表达了"我期待你提出任何需要高智能才能回答的问题"这个意思。但是面试官并没有提出任何问题，而是对他说，"做阅读题"。

应聘者还是微笑着也没说什么，展示了十分的镇定，意思显然是"我等着呢，拿来吧，是一篇什么样的高深学术论文要让我读呢！"

面试官指着旁边的大书柜。

"哪一本书？"看见面试官没了下文，应聘者忍不住问了一句。

"全部。"面试官说。

"哦！……我目测了，超过600本书，这一定是交给我的研究任务了，我一定会给出圆满的答案——完成研读这些书的期限是

多长，比如两个月还是半年？"应聘者仍然没有慌乱，并顺便侧漏了可高效率完成智能任务的霸气特质。

"不，只给八秒钟——但是你已经被淘汰了。"面试官说。

接下来的几位应聘者都被淘汰了，原因各异，有的是智能方面的，有的是体能方面的。

比如有个应聘者的一切表现都无可挑剔，但却栽在了最后一个问题上——回答的时候迟疑了半秒钟——这个问题是："你睡觉否？"

确实，不出所料，是最后一个应聘者被录用了。

这位应聘者身着蓝天装，头顶白云帽，闪现在面试官面前。

其实，就在三秒"一见钟情"海选面试阶段，这位蓝衣白帽的绅士就给面试官留下了难忘的印象。尽管如此，最终阶段，面试官抱定了仍然要严格把关的态度，绝不受一见钟情的影响。然而，蓝衣白帽只简单说了一句话之后，面试官就情不自禁当即表示了愿意录用。蓝衣白帽说的那句话是："我不是人。"

这只是作者编的一则寓言而已。"蓝衣白帽"确实不是人，它是一个系统，一种智能系统，是用于网络空间安全的人工智能。

在万物互联的大数据时代，在虚拟空间以及与之相交的现实空间越来越庞大、复杂且瞬息万变的时代，有的任务光靠人力是难以对付的。

我们要解决的问题关键在于：海量的复杂的安全风险数据分析；高速实时的可靠处理和响应；网络空间安全人力的严重不足的弥补——对于即便是理论上人力可行的场景。

回应网络空间安全中的这些挑战，当今的一个答案就是，人工智能。

人工智能可自动收集分析海量的数据，实现自主的准确的实时响应，或有效地帮助人类安全分析师大大提高处理精度和速度。

人工智能用于网络空间安全，代替人类不眠不休地为组织机构的网络空间站岗放哨，或作为人类网络空间安全战士的强力协助，这是已经兴起且必将蓬勃发展的领域。

用于网络空间安全的人工智能系统，正在不断出现。例如，IBM研制的QRadar顾问系统，它针对的是这样一个时代背景：当今网络空间安全威胁和安全事件在数量上和复杂性上都远远超过了"甚至技术最精湛的安全专家的能力"。该系统内含的人工智能，使得它甚至可以从诸如新闻报道、博客文章和研究报告等非结构化数据中挖掘有用信息，并进一步分析出这些信息与本地系统中的安全违规行为之间的关系，实现自动化的高速和精准的网络安全威胁识别、预判和响应，大大增强了包括人类网络空间安全分析人员在内的整体网络空间安全保障能力。

IBM的这个网络空间安全"顾问"系统，与相应的传统安全分析平台的最大不同，确实就是引入了人工智能技术（如深度学习等）。

学习是智能系统的基本特征之一。一个系统刚开始并不一定就多么"聪明"，但是见得多了、经历得多了，就会越来越聪明。

近年来基于多层人工神经网络的深度学习取得了异常的成功。

这种深度学习的数学原理其实相当简明，就是"通用逼近定理"。粗略地讲，就是多维实数空间中一个紧致集上的任一多元连续函数——这种函数涵盖了大量实际问题——都可通过单个有界的一元连续函数（当然不能是常数）加上简单的线性运算，以任意精度逼近。

这是很好的事情，因为代表诸如分类、聚类、识别等实际问题的多元函数，开始显然是未知的，我们可以选取某个已知的一元函数作为基础去逼近它，逼近的过程就是优化系统的参数以及结构的过程。这就是深度学习。

如前所述，要使得机器变得足够聪明，使之"见多识广"是非常基本的事情。"见多识广"要求用于训练机器系统的数据集要足够大。这意味着，强大的算力也是必需的，否则，若训练周期是一百年，一百年后才会出一台现在看来聪明的机器，那就已经没有用了，早就过时了。近年来在世界算力大幅度提升的强力支撑下，实现了基于超大规模数据的机器训练，使得深度学习取得前所未有的成功。

以IBM QRadar中的人工智能为例，采用了几十亿条数据进行训练，数据来自各类结构化和非结构化的信息资源，包括新闻类文章。通过这样的深度学习，且可随时针对新数据进行持续学习，该系统对网络空间安全威胁和风险的理解可达到甚至是超过人类个体难以把握的高度。

这类系统可在分秒内快速分析找出各个安全威胁之间的联系，例如恶意文件、可疑IP地址与内部人员的关系，能够帮助人类网络空间安全分析师以快几十倍的速度对安全威胁做出响应，这极大地降低了安全事件实际发生的概率，达到防患于未然的最佳境界。

IBM系统中，由于要处理海量的、人类用自然语言写成的内容，它所用到的自然语言处理这个人工智能技术本身也功不可没。自然语言处理，特别是自然语言理解，既是人工智能系统所需的工具，又是人工智能领域最高难题的典型代表。

白帽子，在互联网用语中，指的是富有道德的"好黑客"，他具备高超技术，精通渗透测试，实际上是保护组织机构信息系统的网络空间安全专家。不良黑客则被称为黑帽子。

IBM装备了人工智能的安全系统，是人工智能形态的安全专家，好似蓝巨人白帽子。蓝配白很好。

那么蓝配黑呢？从审美共性看，应该就不那么好了吧。人工智能若被黑帽子利用，就像蓝天现黑云，必是不美的。难怪人们也对此不无担忧。

达哥与慧妹出生于同一天, 在同一个地方一起长大。

刚出生的那会儿, 达哥和慧妹智力上没显示出有什么差异。

但是在后来的发展过程中, 达哥和慧妹的智能差距却拉得非常大。

达哥一直都被人说很聪明, 只是到了成年仍不识字, 当然也就看不懂任何书。不过, 达哥还是特讨人喜欢, 常被人真心夸赞"好聪明"。

慧妹五岁时, 会识字了, 还能唱歌, 看连环画。但很少有人夸她聪明, 或者就算偶尔有人说一句"还是聪明嘛", 也显得有点言不由衷, 像在应付。

猜猜这是怎么回事? 究竟"达哥"指谁, "慧妹"指谁?

"达哥"是"聪明"的狗, "慧妹"是"平凡"的人。

智能上, 再怎么聪明的一只狗, 也比不上平凡的一个人。只是刚出生时, 这种差距并不太明显罢了。

智能生物, 包括动物特别是人的智能, 源自何处? 一只狗和一个人的智能差距, 究竟是怎么产生的?

智能源自两方面: 一是先天基础, 二是后天习得。先天基础就是固有的物质基础，后天习得就是通过学习增加的部分。

"达哥"和"慧妹"刚出生就都知道，饿了要吃，不然活不了。这先天的智能反应，不用学，不用谁来教。不光动物和人，任何生物都具有此种本能。这就是智能的先天基础。

显然，先天基础，不同物种之间是有着巨大差异的。身为动物的"达哥"，绝对无法跟身为人类的"慧妹"相提并论，尤其在智能的核心基础——大脑方面。

然而，这种差异的显现，却需后天学习才能充分体现。"达哥"与"慧妹"的智能表现差距，出生时极小，经后天学习之后，才能显出天壤之别。

需强调的是，对于智能表现，先天基础和后天习得，两者都重要。

一方面，"达哥"无论怎么学习，即便跟"慧妹"在同一环境中长大，都不可能学成一个人，这显示了先天基础不可动摇的地位；另一方面，假如"慧妹"出生后就被狼群喂养，在狼窝中长大，那么其智能发展完全可能止步于狼的水平——尽管大脑还是人类的大脑，现实中曾有过的"狼孩"案例就是如此。

在先天基础中，有一种感知外界和自身状态并以此改进自己的能力，这就是学习能力。动物，特别是高等动物，尤其是人类，都具备这样的学习能力。

所以，可认为先天基础的构成包括学习能力和其余的特定能力，即完成特定任务的能力，比如看见、听见、吃喝的能力。

显然，学习能力具有特别的地位，它不仅可帮助提升其他先天能力，还可使得先天不具备的新能力出现。例如，通过学习，从出生时只会吃奶发展到可以拿筷子夹肉抬菜，进食能力大增；通过学习,从出生时话都不会说发展到能滔滔不绝,不仅出现了并非与生俱来的新能力,而且达到了惊人的高水平。

总之,先天状态下,智能已具备基础的部分,其中特别包括学习能力;经过学习,不仅已有的能力可提升,还会出现先天没有的新智能。而且,无论先天部分还是新生部分,都可继续通过不断学习持续提升,达到至高水准。

机器智能的来源,与动物和人的情况差不多,也不外乎是两个途径:"先天"具备或"后天"习得。

计算机开高次方,求解复杂的方程,这样的机器智能应属"先天"范畴,不是通过"后天"学习获得的,跟学习能力就没关系。但是,要计算机进行对象识别、场景理解,或者玩复杂的游戏等,都需要更高级的智能,没有学习能力是很难办到的。

我们就看看计算机下棋吧。

棋类游戏,从特简单的井字棋到很复杂的象棋和围棋,玩法很多都是这样的:双方对弈,从开局开始,双方轮流走棋,经过若干中局,到结局结束。开局是固定不变的,如象棋是把所有棋子按规定位置在棋盘上摆好,围棋则是空棋盘。其实开局和中局本质一样,假如就要规定某个中局为开局,棋也照样下,比如象棋的残局。终局是一方胜或双方和的棋局。和局的情形,有的有,如井字棋和象棋;有的没有,如围棋。

计算机应该如何下棋,而且不能下得太差?

最简单的办法就是让它凭借高速的计算能力及巨大的存储容量,在走每一步之前,都从当前棋局开始到结局,把所有可能路径快速地全部模拟走一遍,然后根据得到的信息,按某种策略选择当前这一步的走法——例如选择对应的结局集合中胜局最多的走法。这当中可考虑把已算过的棋局和路径全部存储起来,下次不再重算,节省计算时间,即以空间换时间,时间与空间具有某种等效性。

看起来这种思路不错,一点都不盲目,每一步都"精于算计"——不是要"下棋看多步"吗,就是要看得远,这已是远到极致,看清了所有可能的结局。

这就是穷举搜索法,穷尽所有可能。这个办法的可行性取决于问题的复杂性。

棋类游戏的复杂性如何衡量?

从开局开始,每个棋局下有若干选择,不断分支,直到最后若干结局,形成一个树结构,其节点就是棋局。开局就是树的根,结局就是树的叶,中局就是内部节点或称分支节点。每个节点的分支数就是节点的度(博弈论中称分支因子),节点的深度就是它与根之间的路径长度(博弈论中就是层数)。所有可能的终局即叶节点的总数,可作这类游戏的复杂性度量,称为博弈树复杂度(game-tree complexity)。

这个复杂度很难精准算出来,通常用平均分支因子和平均博弈长度(即平均结局深度)两者估算。

井字棋的平均分支因子为4,平均博弈长度为9,所以博弈复杂度估计为 $4^9 \approx 10^5$。(约等于符号表示数量级,余同。)

总共几十万次搜索,对计算机而言轻而易举。所以,计算机下井字棋,不仅没有困难,而且绝对厉害。

象棋的难度如何,比如国际象棋,它的博弈树复杂度是多少?

香农在1950年给出了国际象棋的博弈树复杂度，约为10^{120}，这也被称为"香农数"。现今的估计结果只是略有差别：国际象棋，典型棋局下每一步平均约有35种可能的走法（平均分支因子），通常一盘棋双方大约共走80步（平均博弈长度）。因此，所有可能终局总数，即博弈树复杂度大约为$35^{80} \approx 10^{123}$。

计算机下国际象棋能不能采用穷举搜索呢？即利用高速计算能力快速玩完所有大约10^{123}种情况，反过来确定每一步的最佳走法，成为国际象棋大师，这行得通吗？

完全不可能了。可观测宇宙的原子总数大约是10^{80}。所以，让计算机去穷举国际象棋的所有走法，远远不如让它去数遍宇宙间的所有原子。即便是超级计算机，当太阳变成红巨星时，它都还没准备好走第一步棋。[6]

这就是"世事如棋局局新"啊！

这也是为什么穷举法（也称蛮力法）往往不是好办法，对于许多复杂问题，甚至有时是看起来并不太复杂的问题，穷举法根本就不是可行的

办法。

所以，尽管人们开始是乐观的，以为计算机在国际象棋领域可以很快打败人类，但不久之后就不那么看了。例如，诺贝尔经济学奖得主司马贺（赫伯特·西蒙，Herbert Simon）1957年就乐观地预测，"在十年内，计算机将成为国际象棋冠军"。十一年后的1968年，该预测已成泡影之时，国际象棋大师大卫·列维就打赌说，十年内机器不可能赢他。

列维说得不错。能打败国际象棋大师的那台机器，三十年后才会出现。

那台叫"深蓝"（Deep Blue）的机器，终于在1997年出现，击败了有史以来最负盛名的国际象棋大师加里·卡斯帕罗夫，从此国际象棋世界冠军不是人类，而是机器了。

"深蓝"国际象棋计算机，是在强大硬件支撑下，借助并行计算，采用阿尔法－贝塔剪枝，排除了大量属于"臭棋"的走法而取得成功的。它显示了计算机在国际象棋领域的高智能。

然而，"深蓝"的智能是固化的，可以说是仅有"先天"的部分，它不可以在比赛中改进自己，提升水平，不具备学习能力。

计算机下国际象棋终于胜过人类之后，人们就能聚焦下一个更加巨大的挑战了：计算机下围棋。

如果说让计算机下国际象棋是造小船，那么让计算机下围棋就是要造航空母舰。

围棋棋子只有黑白两种，简明到极点，但棋盘纵横19条线形成19×19=361个交叉点，比国际象棋的64格多得多；每走一步棋的可能性，也比国际象棋多得多。因此，围棋与国际象棋的复杂度根本不在同一层次：围棋的平均分支因子为250，平均游戏长度为150，其博弈树复杂度为$250^{150} \approx 10^{360}$，是国际象棋复杂度$10^{123}$的$10^{237}$倍，这个倍数本身就是天文数字了。

所以，计算机下围棋的能力长期以来都处于业余段位，人们不知它何时才能与人类匹敌。"深蓝"打败人类国际象棋冠军那年，有人预测，计算机下围棋要胜过人类，大约得一百年以后。

过了十年，又有人预测，十年之内围棋计算机将战胜人类。给出这个预测的人，就是"深蓝"项目的领导者。这个预测对了。

"深蓝"之后约二十年，出现了一只特聪明的"狗"，应该说是一只漂亮的黑白"斑点狗"。

这只"狗"，就是谷歌的阿尔法狗，一个围棋计算机程序。起初阶段，最令人瞩目的一场对局，是阿尔法狗2016年3月9日到15日在韩国首尔对决围棋职业九段李世石，结果以4：1获胜。之后的改进版本阿尔法狗大师（AlphaGo Master），对阵几十名人类最顶尖的围棋高手，以60：0的战绩完胜。

阿尔法狗，与"深蓝"一样，它的成功仰仗了计算机硬件性能提升和算法进步两大方面。

但是，与"深蓝"情况不同的是，算法进步在阿尔法狗的成功中起了决定性的作用。为什么这样说？因为，硬件性能就算按摩尔定律每18个月翻一倍，二十年的增长幅度与围棋复杂度超国际象棋倍数的那个天文数字相比，几乎趋近于零。

阿尔法狗采用了蒙特卡洛树搜索（Monte Carlo Tree Search, MCTS）。由于分支太多，"深蓝"所用的那类"可怜"的剪枝法根本无法对付。对付难以穷尽的"太多"，一个有效办法就是"选代表"，通过查验样本来获得总体的信息，这就是MCTS的基本精神。

MCTS的具体做法大致是：对任给节点，无论是开局还是中局，采用平衡已有信息的利用和随机选择新探索的办法，指导深度优先的每步选择，直到结局，把结果（输赢结局）"原路返回"更新该路径上的所有节点信息（探索的总次数和赢的次数）。这样反复多轮之后，累积了从多条全路径得到的关于当前节点所有子节点的最新信息，据此选择下一步实际走法为到某个最有希望获胜的子节点的走法。

其中有个关键是，大量节点的已有信息，即到所有子节点的移动策略估值和所有子节点的胜算估值，能否有预存的"足够好的"值，并随时把最新值存储起来？——这样系统不是更强并可以实现进化了吗？由于有天文数字那么多的节点数，"硬行"存储的做法是彻底的杯水车薪，每次下棋都会大概率遇到没有存储的新情况。

有一个办法正好可以同时解决"足够好"和"足够多"的存储问题，那就是深度神经网络。深度神经网络的本性就是可通过学习存储"好的模式"，并由于函数的连续性而具有推广性，实现"足够多"的存储。

阿尔法狗的做法是，向存于数据库中人类高手的3000万盘真实棋局学习，得到两个训练之后的神经网络：策略网（把任一棋局映射到下一步走法的概率分布）和价值网（把任一棋局映射到它的胜率值）。

有了这两个网，阿尔法狗的MCTS变得无比强大，因为探测中的每一步都有两个已经很厉害的神经网络指导。阿尔法狗的能力由此实现了倍增效应，无人能敌。

阿尔法狗的这种结构，与"深蓝"迥然不同：其"先天"能力中，既有直接可用的下棋能力，又有学习能力，使得它可以不断提升自己。比如说，假如哪天又有某个人类天才出来，打败了原来无敌的阿尔法狗，那么，阿尔法狗完全有能力把那个人的招数学到手，从而再次超过人类。

其实，阿尔法狗的学习对象完全可以不限于人类。

它完全可以向机器学习，而它自己就是机器。

这将会有怎样的、更加惊人的结果呢？……

学习是个大问题。

少数天才就不说了。一般人,从小学、大学,到拿到博士学位,起码也超过二十岁了。人生就算百年,这也占了五分之一以上。

能不能快一些呢,十来岁就完成?如果可以,能不能再快些呢?……干脆生下来几天之内就学会,哪怕只是随便学个专长,学得好了,不是也能占大优势吗?

做梦吧!哪怕从胎教开始,就算仅仅学个专长,出生几天就会都只能是做梦,就像一个外语门外汉梦到自己外语突然讲得超级流利的样子。

其实,要在几天之内学会一门专长,是有可能的,而且能要求不仅学得快,还要学得好。假如要学成专业高级水平,几天之内,有可能吗?

当然有可能——但这里说的不是人,而是机器。

机器完全有可能做到学得又快又好。学一项专长,达到极高的水平,人也许要花好多年,但机器则有可能几天甚至更短的时间内就办到了。

机器是怎么办到的,这么快就能学会一项专长,究竟用了什么方法?

机器学习的基本方式，当今主要有三种：有监督学习、无监督学习和强化学习。

第一，有监督学习。这是最简单的，基本上就是手把手地教，一招一式地学。

例如，要让机器学会识别猫猫狗狗的照片，那就把许多张猫或狗的照片，一张一张地给它看，同时告诉它，这是一只猫，那是一只狗，它就知道了猫和狗的特征。下次给它类似的照片，它就能认出这是猫那是狗。

深度学习神经网络，最擅长做这件事情。本质就是，给出充分多的输入－输出数据对，输入表示要识别的对象，输出表示识别结果，让深度网络以此去优化自己的参数以及结构，逼近识别函数。

例如，将数据对——图片1—狗，图片2—狗，图片3—猫，……，图片10000—狗——喂给神经网络，它针对这些数据优化拟合之后，就得到了从输入图片到输出"猫"或"狗"的一个函数。这就是对神经网络的训练。机器训练好了之后，不仅训练用的图片它都认识，以后类似的新图片它多半也认识——这本就是数据拟合的特点：具有外推能力，或叫泛化能力。

第二，无监督学习。这就没人手把手地教了，机器得自己学会一项技能。例如，拿一堆照片给它看，有些照片是猫，其余是狗，要让它把照片分类，但根本没人告诉它哪些是猫、哪些是狗。因此，这个任务的本质就是把这些照片分类，使得每一类中的照片互相很相似，但跟另一类不相似。

这就是聚类分析，机器通过学习完成这个任务的方式就是典型的无监督学习。

实现聚类分析，常见的传统方法就是k-均值法，其问题复杂度极高，但基本思想很直观：不是要求同一个类中的对象很相似吗，那就让一个类中的点（向量）与该类均值（向量）的距离的总和最小，以使得相似的在同一个类，不相似的在不同的类。

如果说有监督学习用的是标记好了的图片，那么无监督学习就是要让机器去标记图片，尽管并不要求它标记出猫或狗，只要标上一类二类就可以。

第三，强化学习。这是要机器学会在各种情况下都能更好地采取行动，以便得到的回报更大或损失更小。机器的强化学习显得相对复杂一点。但其实强化学习对人而言是很普通的方式，说穿了就是一种尝试错误的办法，即通过尝试中得到的奖惩来改进自己。

例如，一个人学骑自行车，一开始上车就摔倒了，下次改进上车的动作；后来遇到转弯又摔倒了，于是改进转弯的做法……反复练习之后，在每种情况下，人就会自然地采取更正确的动作，更能避免错误的动作了。

强化学习的一个关键是必须获得奖惩反馈信号，这就需要在与外部环境的交互中才可能办到。机器跟外界交互不如人那么自然和丰富，所以强化学习用于机器可能还需要把问题进行抽象和转化，才能更好地设计出相应算法。

阿尔法狗采用的是什么学习方法？它吸收人类职业高手3000万盘棋局的走法，采用的就是典型的有监督学习：它的策略网的输入端，给的是棋局；而输出端，给的则是该棋局可能的走法。

　　然而，阿尔法狗的学习能力中，强化学习才是使得它更加非凡的关键。那么，它的强化学习体现在哪里，特别是它是从哪里获得奖惩反馈信号的呢？

　　首先，最终的奖惩反馈信息就是一盘棋的输赢。所以，如果它是在与人类的对弈中进行强化学习，那么它必须等一盘棋下完之后才能得到一个输赢反馈。这效率太低太低了。

计算机的优势就在于，它可以高速模拟下棋，比如每天下个几百万局毫无问题。这使得阿尔法狗可通过"自玩"法，即自己跟自己对弈，在短时间内获得巨量的输赢反馈信息，借此通过强化学习算法调整价值网和策略网，极速提升能力。

下棋程序的"自玩"法，确切地说，是同一程序的两个实例对弈，在强化学习机制下进入一种正反馈，像滚雪球般迅猛提高水平。

存在这样一个能在短时间内爆发增长的正反馈高速学习机制，注定了谷歌DeepMind很快就要把事情推向极致。

阿尔法狗零（AlphaGo Zero）出现了。

它跟它的前辈阿尔法狗的根本区别在于，它彻底不需要向任何人类棋手学习，就从零开始，高速模拟，自己跟自己搏杀。结果是，不仅在几天之内就达到了可击败人类顶尖高手的水平，而且还以100：0战胜了在人间已所向无敌的前辈阿尔法狗。

这本来已经差不多是极致了，最多只差那么一点点；但关键是，事情明显已经到了只需DeepMind轻轻一推，就能抵达真正的极致了。

DeepMind确实轻轻推了，随之出现的是阿尔法零（AlphaZero）。

什么，阿尔法零？"狗"去哪了，不是下围棋的吗？是的，不是专下围棋了。

阿尔法零除了下围棋，还会下国际象棋和日本的将棋。而且，一切都是从零开始，没有从人类棋手那里学习任何东西。

阿尔法零以60：40战胜阿尔法狗零——再跟其他什么对手比赛，还会有意思吗？

从零到无敌，极速地，而且不需要任何人类的帮助。

这样的"狠角色"也不是太孤独的。

人们常玩儿的，除了下棋，不是还有扑克、还有麻将吗？

打扑克、打麻将，与下国际象棋、下围棋相比，有没有什么本质上的不同呢？

有一点两者非常不同。

下国际象棋、下围棋，棋盘就摊在桌面上，各方都看得清清楚楚，时时刻刻对棋局完全掌握，这就是具有完全信息的博弈；而打扑克、打麻将，每个玩家只知道部分信息，比如自己手中的牌和桌面上已出的牌，而看不见他人的牌，这就是非完全信息博弈。

让计算机玩这种非完全信息游戏，又会怎么样呢？

就在阿尔法狗零和阿尔法零出现的同一年，准确地说是2017年1月11日到31日，此前无人知晓、首度露面的冷扑大师在一场德扑锦标赛中迎战四位世界顶尖高手。冷扑大师从第一天开始就领先那位高手，而最终大获全胜，赢得1766250美元，这也是四位世界高手输掉的总额。高手们非常吃惊，其中一位感叹道："直到今天我才认识到冷扑大师是多么强。我感觉我是在跟好像可以看见我的牌的一个骗子在玩。我并非在控告冷扑大师欺骗。冷扑大师就是有那么强。"

这位叫"冷扑大师"（Libratus，意思是"平衡的"）的，是一个玩德州扑克的人工智能程序，它由卡耐基·梅隆大学计算机科学系的博士生诺姆·布朗（Noam Brown）和他的导师图奥马斯·尚德霍尔姆（Tuomas Sandholm）教授研发。

与阿尔法狗零和阿尔法零的相同之处，就是冷扑大师也是从零开始和自己对阵，实时改进策略，快速提升技能，完全没有吸收任何人类选手的数据。

非完全信息情况下，人类扑克选手的下注完全可能虚张声势；不仅可能，虚张声势其实是一种必要的策略，如果从来不用这个策略，显然是难以取胜的。这跟国际象棋和围棋截然不同：在完全信息博弈中，虚张声势完全没有意义。

从四位人类顶尖德扑高手那里毫不客气地赢取了170多万美元的冷扑大师，运用虚张声势策略的技能非常娴熟。但是，虚张声势这类策略的有效性，恰恰强烈依赖于使用它的自约束性。如果缺乏这种平衡的意识，毫无节制地虚张声势，要么是严重低估人类智能，要么是自身智能正在趋于或已经为零。

　　杜丘，你看，多么蓝的天哪！走过去，你……可以融化在那蓝天里。一直走，不要朝两边儿看。明白吗，杜丘？快，去吧！

　　……

　　怎么啦，杜丘？快，快走啊！

　　日本作家西村寿行的小说《涉过愤怒的河》于1974年出版，1976年初被搬上银幕，1978年在中国大陆上映——那就是高仓健主演的《追捕》，一些精彩片段流传至今。

　　堂塔叫杜丘走过去，一直走，"融化"在前方的蓝天里。杜丘走过去。但他在"进入"蓝天的边缘停住了。他转身，走向面露困惑的作恶者……

　　杜丘当然知道，堂塔让他走向的，不是蓝色天空下通往远方的一条路，而是这高楼屋顶的边缘。所以，在成功迷惑了敌人之后，他必须及时"刹车"。

　　假如把当今的智能化自动驾驶汽车置于堂塔带杜丘去的那个屋顶上，它的前面毫无障碍，那它会不会一直走，不知道刹车，加速冲过去"融化在那蓝天里"呢？不会的，它哪有那么傻。它有视觉，它能看见前方确实是天空，但它同时也看见了地面根本不是道路；它还有逻辑思维能力——当行驶在道路上，且看见前方是天空时，才可加速冲过去。

5月，夏天虽未到来，春光非常明媚。天空很亮，道路宽广。

行驶在这开阔明亮的场景里，真是惬意。

加速！——且慢，天空会左转吗？不会，哪有这样的逻辑。逻辑应该是，当行驶在如此宽广的道路上，且看见前方是天空，就可以加速冲过去。此刻正是这样的条件。所以，决策是，全速前进！……这是它最后的思维，因为它猛地冲向前方正在左转的白色立面挂车，直插挂车车底，车毁人亡。

这不全是虚构。2016年5月，美国佛罗里达州发生一起严重车祸，一辆轿车在智能化自动驾驶模式下，高速冲入前面正在左转的大卡车的挂车底下，且毫无刹车的迹象。事故调查显示，前方牵引式挂车的白色立面融在明亮天空背景之中，自动驾驶系统不仅没有采取刹车措施，反而试图全速通过。这表明它的视觉出了问题，根本没"看清"前方情况，它也许把大卡车的白色面当作蓝天里的一片白云了吧，于是它真的冲过去"融化"在了蓝天里。令人感到悲哀。

人工智能，特别是强人工智能，其"视觉能力"占有重要地位。

怎么才算视觉能力强呢？在计算机视觉领域，特别是图像理解领域，这种能力是分层次的。

第一，起码要视力好，足够锐利，在各种距离看得清边界、纹理、区域，不能是近视眼、老花眼之类的，最好有鹰一样的视力。这对机器而言，并不难达到。

第二，要能够进一步分辨一维的边界、二维的表面和三维的体。这也不是特别难以实现的事情。

第三，再进一步，要能够认清事物、认清场景、认清在发生什么事情。这是终极目标、最高层次，也是最难达到的。这对人而言并非那么难，甚至几岁的小孩都可能轻易办到，但对今天的智能机器而言，还有很长的路要走。

在上述最高层次中，首先就是"认清事物"，这在计算机视觉领域，就是"对象识别"和"对象检测"。

对象识别就是要从图像或图像序列（即视频）中，识别出是什么，有什么，是花草还是人，是猫还是狗，或是有一栋房屋。

对象检测就是在图像或视频中，检测出有没有、有哪些指定的对象，比如有没有人脸，有没有行人。

"识别"与"检测"联系紧密，差别在于前者没指定类别，后者指定了类别。

这些对人类而言很容易的任务对机器确实很难，但科学界近些年取得了很大的成就，我们以计算机视觉专家李飞飞的ImageNet计划为例，略加展示。

ImageNet是针对研发视觉对象识别系统而构建的一个超大规模视觉资源数据库。该计划的实施，提供了超过千万幅手工标注的图像，指明了每个图像中含有什么对象。ImageNet包含的不同对象类别超过两万个，如气球、草莓、狗等，且每个类别起码有几百幅不同的图像。

这是非常庞大的计划，光是数量达千万级的图像的人工标注，就是令人望而却步的，似乎难以完成的任务。这个计划的成功也是众包模式的成功，仰仗了群体智能。

在此基础上，ImageNet计划从2010年开始举办年度全球大赛——"ImageNet大规模视觉识别挑战赛"（ILSVRC）。"大规模"是关键，此前的同类竞赛PASCAL VOC的对象类别数量仅20个，太"小儿科"了，而ILSVRC即便开始只用到"修剪"后的类别，数量也超过1000个：忽然就提升了50倍，这才有了实战感。

来自世界各地的优秀参赛队伍利用ImageNet提供的优质海量图像数据对自己的参赛软件系统进行训练，最终以识别准确率一较高下。赛事所展现的，代表了计算机视觉领域，特别是对象、场景识别智能系统的世界顶尖水准。

结果是怎样的呢？以下是各年度冠军队伍达到的水平，评价准则是错误率。

2010年，首届ILSVRC冠军的错误率是多少？28%！大约三次中就要错一次，错误率明显太高了，说明这是多么困难的任务。

2011年，最好成绩的错误率降了一点，26%。整整一年才降这么一点，没什么感觉。

2012年，错误率猛降至16%！什么情况？是因为卷积神经网络悄然上场，有效解决了极高维空间中函数逼近的难题。这不仅大大提升了机器视觉识别能力，而且让在高维空间中"卡顿"着的人工神经网络变得"顺滑"起来，产生了出人意料的广泛影响："忽如一夜春风来，千树万树梨花开。"猛然间，深度学习就火了起来，人工智能领域又开始了新一轮繁荣。

2013年，错误率逼近10%；接下来的3年，很快就到了10%以下。

2017年，38支参赛队伍中的29支，错误率都低于5%，最好成绩为2.26%！

无论是人还是机器，都要让正确率足够高，即错误率足够低。

对于识别、判别、推断、诊断这类问题，如要判断"这幅图中是一只熊猫"对不对，人或机器所犯的"错误"分为性质不同的两个种类。

第一种，把假的当作真的、错的当作对的接受，即"纳伪""误诊""假阳性""冤枉好人"等，本质都一样，在统计推断中称为"第一型错误"，比如要把熊猫的图片挑出来，却把花猫当成熊猫挑出来了。

信息检索和二项分类领域中的所谓"准确率／特异度"反映的就是这种错误的大小：准确率越高，纳伪率（即第一型错误率）越低。

第二种，把真的当作假的、对的当作错的拒绝，"拒真""漏诊""假阴性""放走坏人"等，本质也都一样，在统计推断中称为"第二型错误"，比如要把熊猫的图片挑出来，却把确实是熊猫的图片当作不是熊猫剔除掉了。

信息检索和二项分类领域中的所谓"召回率／灵敏度"反映的就是这种错误的大小，即召回率越高，拒真率（即第二型错误率）越低。

根据需要，这两类错误率，可以仅控制其中一个，也可以两个都控制。

例如，统计推断中的"显著性水平"，控制的仅是接受备选假设而拒绝零假设犯错（"纳伪"备选假设，即"拒真"零假设）的概率，但没有同时控制相反情况，即拒绝备选假设而接受零假设犯错的概率。统计假设检验中把拟接受的假设定为备选假设而把拟拒绝的定为其对立假设即零假设，所以只需控制这样的决定出错的概率即可。

有时需要两种错误率同时控制。例如在信息检索中，一方面希望别把过多无关的内容纳入——要求纳伪率要小，同时又希望别漏掉重要的相关的内容——要求拒真率也要小。这时，可以分别对两种错误率的上限提出要求，比如前者不超过15%，后者不超过0.5%。

对于算法或系统的评估，最好是两种错误率都采用。为了将两个错误率合成一个单一的评估值，可采用取极小、算术平均、几何平均，以及调和平均等，例如F1分数，不过就是采用了准确率和召回率的调和平均而已。

实际中，两种错误率的控制常常无法独立实施——同一个系统，两者的控制可能是相互冲突的：想让"纳伪率"变小，"拒真率"就会变大，反之亦然。

例如，为了尽量不漏诊，很可能会增加误诊率；反之为了尽量不误诊,则又可能增加漏诊率。要同时改进两方面,只能改进系统本身。

因此,在设计系统时,应根据需求制订"纳伪"与"拒真"的平衡策略,有时甚至要有明确的主次或取舍:是选择"不可漏掉,宁可错杀",还是选择"不可错杀,宁可漏掉"?

这个问题其实还不能草率回答,因为在对象判别任务中,需要首先明确所关注的"对象"是什么:漏掉或错杀,是指漏掉或错杀什么?

关注的对象不同,得出的主与次可能正好相反。比如,关注点应该是前方的蓝色天空还是白色立面挂车?

如果是一辆关注重心在前方天空的自动驾驶汽车,那么它一定要有充分大的把握判定前方真的是天空,也就是要有充分小的把不是天空的判为天空的错误率,即"纳伪率"要充分小。而"纳伪率"小,可能"拒真率"就大——大就大吧,宁可把天空当作障碍,也不可把障碍当作天空。这就对了。

如果是一辆关注重心在前方障碍的自动驾驶汽车,那么它一定要有充分大的把握判定前方不是障碍,也就是要有充分小的把有障碍判为无障碍的错误率,即"拒真率"要充分小。而"拒真率"小,可能"纳伪率"就人——大就大吧,宁可把无障碍看作有障碍,也不可把有障碍看成无障碍。这就对了。

当然,有时只需笼统的"错误率"即可:错一次就记一次,不管它是两种错的哪一种,错的次数除以总次数就是错误率,结果其实就是纳伪率与拒真率之和,因此也与两种错误率的算数平均本质相同。显然,纳伪率和拒真率都不可能大于错误率,所以若能把错误率控制得很小,则两种错误率必然都很小——只是让两种错误率都小不一定办得到。

一个智能判定系统，其出错率必须充分小。什么叫"充分小"？2%以下可以吗？

如果它是一个诊断心脏有没有问题的系统，那么在当今是相当不错的了。

但是，如果它是自主汽车的视觉识别系统，平均100次判断有两次出错，那么就会让我们绝对不敢贸然将性命托付于它了。

通往远方的宽广道路，蓝色的天空飘着白云。

一路惬意，春光无限。

但我们要这一切都必须是真真确确的。

她指着图中的红心说："爱！"

她身边的他跟着说："爱。"

她又指着一幅图说："菠萝！"

他也跟着说："菠萝。"

她换了另一幅图说："唱歌！"

他看着图跟着说："唱歌。"

这不是看图识字吗？是的，她是一位年轻妈妈，他是她的孩子。

看图识字不同于看图说话，前者是后者的初级阶段。

即便是那么初级，也包含了深刻的道理。

比如，"爱"其实是一个十分抽象的概念，一幅红心图，远远不能涵盖其宽广的外延。

"菠萝"却不同，虽然是类别，但已经相当具体，具体到用一个特定菠萝的图片也能很准确地代表这个类。

"唱歌"呢，它是动作的抽象，虽然也有着数量难以穷尽的实例，但比起"爱"来还是更具体一些，更形象一些。

所以，别说看图识字仅仅是几岁小孩玩儿的，其实不简单。这也反映了人类智能的高度。即便把"识字"当作外壳去掉，还会剩下其内核就是"识概念",认识概念。

对于机器智能而言,当涉及像"爱"这样非常抽象的概念时,已经超出了一般"对象识别"的层次。

因此,"看图"是一种高度的智能活动,不仅有关眼睛,更有关大脑,正如美国斯坦福大学计算机科学教授李飞飞在2015年3月的TED大会上提到的,"视觉始于眼睛,但真正产生于大脑"。(Vision begins with the eyes, but truly takes place in the brain.)

"看图识字"对机器而言已经有难度了,但我们还要更"贪婪",还要探讨智能机器如何"看图说话"这个更大的课题。这种贪婪不是为了眼前利益,恰恰相反,是为了看得更远,看清机器视觉的最终目标。

"看图说话",这个任务不仅需要看出图中的对象、概念,还要看出各种对象和概念之间的关系。这当然是更高的要求了。比如"唱歌",其实是关于至少两个概念之间的关系:唱的人、唱的歌。实际涉及的更多,如唱歌的环境、听众、氛围等。

计算机视觉的终极目标就是要真正看懂这一切。

智能机器看图说话的终极目标就是在完全看懂的基础上用语言表达出来而已。

人类在让机器"看图说话"的领域做得怎样了?

正如李飞飞在那次TED大会的演讲中提到的,在图像中正确识别对象仅是第一步,下一个里程碑是让机器说出一句话来描述图像——例如,不仅认出那是一只猫,还要说出一只猫躺在床上,床上放着一台笔记本电脑。当时已经有了初步的成效,机器可以看图说出诸如一个人站在大象旁边,有许多飞机停在跑道上,等等;但也会犯明显错误,如把小孩拿着牙刷说成是拿着棒球棒,

把骑手雕像说成是一个人骑着马沿着建筑边的街道行进，等等。

微软有个机器人，叫作CaptionBot："我能理解任何图片的内容，并且尝试像人类一样来描述它。"——这不就是一个"看图说话"机器人吗？拿一张图片给它看，它能用一句话来描述图片的内容，例如：草原上有一群牛；一个人跳起来玩滑板。当然也是会出错的，比如，它把一个人在火车站台拿着话筒唱歌，说成是一个人站在室内——尽管不算全错，但至少是相当粗糙。

在智能机器"看图说话"领域，上述例子表明，目前达到的仅仅是"说一句话"，仅仅是给图像加上一句话的标题而已，并且还相当容易出错。

其实错了也一点不奇怪，因为让机器"看图说话"确实是一件很难的事情。难到什么程度？

机器"看图说话"，包含"看图"和"说话"两个任务。

第一个任务，"看图"。这在计算机视觉领域里，属于"图像理解系统"，它的最高层任务是识别图像中的对象、场景、事件。关于人、物、事的各种识别任务，都要求系统应该具备相应的理解力。

更进一步，弄清概念、实例，概念之间的关系、概念与实例之间的关系、实例与实例之间的关系，最终也是系统应该掌握的本领、应该具备的能力。图像理解的结果是关于图像内容的机器知识表示。

第二个任务，"说话"。这在人工智能领域里，属于"自然语言生成"，其任务是，把机器的知识表示，如知识库中的逻辑形式，转换成（生成）自然语言。

例如，$a \in A$，$b \in B$；$S(a, b)$，其中 A 表示"人"这个概念，B 表示"歌"，$S(\cdot, \cdot)$ 表示"唱"或"人唱歌"，那么由"$a \in A$，$b \in B$；$S(a, b)$"这个一阶逻辑句子生成的自然语言句子大致就是"张三唱《小爱的妈》。"——假定 a＝张三，b＝《小爱的妈》(这首歌)。当然，这只是一个十分简单的例子。

"看图"和"说话"这两个任务相比，"看图"更难。

在计算复杂性理论中，大量实际问题属于 NP 类，即非定多项式时间问题类。这类问题中的最难者是 NP-完全子类。因此，在人工智能领域中，把最难的问题非正式地称为"人工智能-完全"问题。这类问题的难度等于让人工智能达到可与人类智能匹敌的难度，换句话说，就是达到强人工智能的难度。

有哪些问题属于"人工智能-完全"的呢？人们认为——并没有精准的判据，仅是"认为"——起码有以下这些问题：

1. 计算机视觉。这当然包括"图像理解系统"。

2. 自然语言理解。简单地说，就是机器的"阅读理解"能力。"听力"的问题则属于语音识别，将语音转换成文字。

3. 图灵测试。

4. 在真实世界中解决问题，特别是能够对付意外情况。

其中最后一类问题相对模糊，前三类则都是非常明确的人工智能研究领域或研究目标。

由此我们看到，"图像理解"出现在"人工智能-完全"问题清单中，所以"看图"是太难的问题了。

而"自然语言生成"则并未出现在上述难题清单中。

通常，人工智能领域中的"自然语言处理"包括三个课题："语音识别""自然语言理解"和"自然语言生成"。这三者中只有自然语言理解被认为是"人工智能-完全"的。

所以，在智能机器的看图说话中，"说话"其实是相对容易的事情——在你遇到的智能机器人中，能够"真正看得懂"的，应该比能够"侃侃而谈"的更强。

为什么"看图"对机器那么难？迄今，机器的"看"跟人的看确实是非常不同的。

比如，哪怕机器在深度学习过程中"看"了上千万幅图片，它看的其实仅是平面的东西、静态的东西。而人从出生开始每时每刻看的都是三维的、动态的事物。所以，ImageNet大规模视觉识别挑战赛已经引入了3D对象识别——尽管要花大得多的代价。这说明该领域的大师们早已认识到了这样的问题。

看来，智能机器要达到能"看懂图"的水平的道路还很漫长，强人工智能离现实应用还相当遥远。下面的"故事"，如果是机器人看图之后讲出来的，那一定要算是强人工智能的水准了。

图中是一个人在演讲。宽阔的讲台和背后的双大屏以及其他设施，彰显了气派。

这必是一个高规格大会的会场，尽管图中看不到一个听众，但听众必定是非常多的。

可以从远端那个屏幕上隐约看到演讲的内容。有一个二维图：横坐标表示的是领域的"宽广度"，纵坐标则表示信息的"优良度"。

演讲的主题是"人工智能"，演讲者事实上是该领域的著名院士，谁都知道的。

他的精彩话语包括：人类的最大优点是"小错不断，大错不犯"，机器的最大缺点是"小错不犯，一犯就犯大错"；人工智能现在还在左下角，也就是出发点的附近，离右上角的强人工智能水平还差得很远很远……

你跟你的朋友差点闹崩了，原因是他陷害你。

他在朋友圈里发了一段视频，你以为是一个什么有趣的情景，就点开来看。

无边的海洋，广袤的沙漠。这是哪儿？

字幕回答了你：大西洋，西撒哈拉。

嗯，从来没去过。那么遥远又荒凉的异地，自己又缺乏荒野求生的本事，不去也罢。

背景音乐是《橄榄树》。"还有，还有，为了梦中的橄榄树……"你边看边哼。

镜头切换到了另一个画面。蓝色的天空，橘色的多层矮房屋分布在灰色道路两旁。马路上还有车辆不时驶过。尽管看不见沙漠了，但地面和低空明显叠着沙漠的色调。

这是一个小城市。字幕显示：阿尤恩。

人行道上，间或一两人走过。这时有两个人远远地往这边走，一男一女，且显然是非常亲密的关系。怎么其中一人的步态有些眼熟呢？

你正纳闷，镜头拉近——你大惊，那人正是你自己！你跟一陌生异性挽在一起！

你冷汗突发，随即大怒，找到你的朋友问罪。

"伪造的，伪造的，用了一个智能软件！"你的朋友赶紧声明。

"想开个玩笑……对不起对不起对不起！"见你怒发冲冠，你的朋友连声道歉。

这次差点就跟朋友闹翻了。后来，你觉得朋友是道了歉的，又想到诺贝尔仰望壮丽夜空之时立感个人忧伤何等卑微一事，你望了一眼雾霾天空之后就算了。

类似的事情其实已经发生在现实之中。而且，由于"被害者"身份显赫，其影响绝非"个人忧伤之卑微"的范畴。

据英国《卫报》报道，2018年5月互联网上出现了美国总统唐纳德·特朗普的一个讲话视频。

该视频中，他对比利时人提出"忠告"。"你们知道，我就敢退出《巴黎气候协定》，"他直视镜头，"你们也应该这样做。"特朗普的个性嗓音气势恢宏。

这引起了比利时人的愤怒，纷纷表示美国总统怎敢干预比利时的气候政策。有人甚至写道："肿脸特朗普需要看看自己的国家，看看那些在学校用重武器疯狂杀害儿童的凶手。"

这次特朗普真的"很无辜"，因为这个视频根本就是一个用高科技制作的赝品，而且伪造者就是比利时人自己——比利时的一个政党宣传团队，其动机只是想通过一个玩笑来引起政府对相关议题的重视，没想到捅娄子了。

他们以为人们可以识别那是假视频。《卫报》评论道，这个政党的宣传团队要么低估了高科技伪造品的力量，要么高估了受众的鉴别能力。

其实，不能怪普通受众，因为只要事先并不知道相关伪造技术已经发展到如此高度，一般人都不会想到视频可能是假的。

这个高技术属于高度智能的图像合成，其核心是"生成对抗网络"（GANs）。

生成对抗网络由两个神经网络构成：一个生成网，一个鉴别网。

鉴别网其实就是一个通常的二项分类器，它的任务是鉴别真假，比如图片里"很像"某人的人，是否真是那个人。

生成网的功能则是可随意生成"逼真"的结果（比如图片）来欺骗鉴别网，使之感到"真假难辨"，从而犯"判真为假"或"判假为真"这两类错误。

下面我们就以图像合成与图像鉴别的例子来说明GANs的基本思想。

假设生成网的功能是随意合成某人在人工智能大会上演讲的"照片"，相应地，鉴别网的功能就是对任意一幅此类"照片"（无论真假，无论是否来自生成网）鉴别真伪。

让我们把事情具体化。

任何图像都可由矩阵表示，进而化成一个向量。假设要生成的图像和要鉴别的图像由 $V = [0, 1]^N$ 中的 N-维向量表示。当然这个向量的维数可能相当高，几百万上千万都很平常。比如，彩色图像每个像素至少需要3个数据表示，而一幅普通高清图像共有 $1920 \times 1080 = 2073600$ 像素。

本例中，我们只管所讨论的任一图片（无论真假）就是 V 中的一个向量就行了。

显然，每张真照片一定是 V 中的一个向量；但反过来，当然不是 V 中的任何向量都是真照片——事实上，随机抽取一个向量，很可能连一个有意义的图片都不是。

然而，究竟哪些向量具有真照片或接近真照片的特征，根本无法显式地表达，类似隐变量的概念。

我们从真照片的集合（是 V 的子集）中随机抽取样本，结果大致是，V 中某些区域抽到的可能性很大，某些很小，有大量的为零。

事实上，精确地刻画真照片在 V 中的情形，实质就是 V 上的一个概率分布，这个代表真照片的概率分布是确定的，但又是难以显式表达的。生成对抗网络的一大优势就是，并不需要明确知道目标概率分布。

有了这些之后，我们就来看生成网和鉴别网是怎么运作的。

生成网：随机从 V 中抽样（对均匀分布总体的抽样）得到一个向量作为其输入、输出 V 中的一个向量，交给鉴别网去判断。生成网的目标是，由自己抽样得出的图片，尽量让鉴别网产生误判。

由均匀分布抽样可得到任意给定分布的抽样，具体方法之一就是，将均匀分布抽样的结果输入给定分布函数的反函数，输出即为给定分布的抽样结果，这就是反变换抽样。

所以，生成网这个深度神经网络的实质，就是逼近真照片分布函数的反函数。

鉴别网：输入来源有两个，一是从真照片数据集随机抽样转换成的向量，二是生成网的输出向量；输出则是图片为真的概率。鉴别网的目标是，输出的概率，当图片来自真照片集时要尽量高，而来自生成网时要尽量低。

生成网和鉴别网两者相互对抗，并在博弈中"共同提高"。

开始时，两者的水平都低。

生成网产生的第一件"作品"，由于尚无真照片概率分布的任何信息，输出结果也许连白噪声图像都不如，拿去有的地方当作地面纹理看有没有人要；而鉴别网的首次"裁决"，也许连真照片和白噪声都没把握分清楚。

鉴别网有个"天然优势"，就是在训练阶段它始终都知道输入的图片是真是假，是来源于真图片集还是生成网，并由此优化调节自己的参数，使得鉴别能力不断提高。

鉴别网也有个"天然义务"，就是要把样本判别的结果反馈给生成网。生成网依照这个反馈，同样优化调节自己的参数，不断逼近真照片分布，提升"伪造"能力，生成越来越逼真的图片。

这个过程反复进行，不断迭代，最终使得两个相互对抗的网络达到纳什平衡点，两者都到了炉火纯青的水平：生成网可以合成出以假乱真、让人信以为真的假照片，而鉴别网则可鉴别出这些对普通人而言难辨真假的假照片。

真是一箭双雕啊！

两者其实都很有用。高水平的鉴别当然是有用的，不用说了。

高水平的合成也是十分有用的。

当今的电影和游戏行业，数字合成技术都为之作出了重大贡献。

它可以合成逼真的景物，甚至合成相当接近真人的人物——注意，卡通式的人物不算。例如《最终幻想Ⅶ》及之后版本中的人物，已经可以给人相当真实的人类感。

它对帮助合成逼真的语音也很有用。自然语言处理中的几个关键实战环节是语音识别、自然语言理解、自然语言生成、语音合成。语音合成的目标就是要达到跟真人一样，甚至比真人讲得更标准。

早期科幻电影中机器人发出的那种单调生硬的机器语音，应该一去不复返了，因为语音合成早已达到了很高水平，在某种意义上可以说已经超越人类。

比如，一般人要逼真地模仿别人讲话，不停地讲，还是相当困难的，但如科大讯飞那样的语音系统，可以让任何人——例如特朗普——讲任何话，完全以他的嗓音，用各种语言和方言：英语当然不说了，还有普通话、东北话、成都话、粤语、吴语、闽南语、客家话等，都不在话下，并且能让他讲得流畅无比。人有几个能做到这样呢？

就艺术创作而言，由人工智能合成创作的画，也许是个新派别呢。虽然我们并不知道有多少人会喜欢这种画，但据报道，一个巴黎艺术团体用生成对抗网络创作的肖像画在拍卖时以40多万美元的价格售出。

然而这也是一把双刃剑。当合成的图像或视频让人类真假难辨的时候，如果被用于不良目的，就非常糟糕了。

假如"特朗普讲的"不是退出巴黎气候协定，而是向核大国发出的宣战书，又是在形势紧绷的时刻，会不会激化局势进而导致对立国按下核按钮呢？十分可怕。

其实电影和游戏中用到的数字合成技术早就有了，为什么之前并没有出现"有影响力"的伪造视频呢？

是逼真度不够吗？应该说基本上不是。

之前的数字合成技术和出现不久的生成对抗网络有着本质不同。

电影大片中的数字合成，虽然借助了先进的专业硬件设施和软件工具，但得靠数字艺术家们点点滴滴精心制作，分分秒秒都十分昂贵。

例如，迪士尼的动画大片《恐龙》，构思超过十年、精心制作五年才终于完成。该片让人们首次看到了借助计算机生成的"惊人视觉效果"和创造的"照片一样"的逼真模样，普通人几乎看不出什么破绽。

生成对抗网络的"创作"则完全是另一个概念：生成网一旦经自动化的对抗训练达到极高水平，就根本无需人类干预，它自己会高效率完成"创作"。它是智能系统，不是普通软件工具。

终有一天，它会代替过去普通的计算机生成软件，创作出逼真的图像、视频，创作出电影大片、虚拟现实，其中的每一个场景都与真实世界无异，每一个人物都像真实的人类演员一样……

家长说"这孩子就是爱玩",甚至说"特爱玩""特贪玩",都完全可能表示夸奖而不是焦虑。这是对的,因为孩子天性就爱玩。当然,我们不提倡"瞎玩",比如游戏成瘾会导致身心俱损还不能自拔等。"爱玩"是不错的,"瞎玩"是不好的。

大学生不是孩子了,除少年大学生之外,大多数大学生都到了法定成人年龄。尽管有时候在我们老师口中,偶尔还"这帮孩子这帮孩子"地叫着,但那一般是我们的一种亲切表达——抑或是我们得意于成熟得多的表示?其实不应如此,过高的"成熟度"会因其减消了科学探索特别需要的好奇心而成为我们的敌人。

学生的"玩"一定要区别对待。不主张"瞎玩",常需要"爱玩"。而更上一层楼的则是,"会玩"!——即便有时看起来有点古怪。

看看这几个学生在玩什么。哦,3D打印!

打印的什么东西?海龟!一只活灵活现的海龟!

为此这群学生花了不少功夫:先得搞清楚需要什么样子的海龟,然后对所要的龟进行细致的3D数学建模,最后用3D打印机打出来……

真会玩哪，这帮孩子！——不，这帮成人。

他们是麻省理工学院的学生。

这么好玩，我也要去麻省理工学院！

但我不打印海龟，我要打印鲨鱼，或者熊猫。不，我要打印航母，或者至少是一支枪，一支来复枪。

其实这些学生做的，并不是一个玩具或者仿古雕塑之类的，他们做了一件更大的事情。

自从近些年深度神经网络、卷积神经网络、生成对抗网络的应用探求大规模兴起，人工智能取得了硕果。在一些人们认为需要高度智能的专门领域内，人工智能已经战胜了人类，例如围棋阿尔法狗、德州扑克，还有某些智力竞赛（如《危险边缘！》）。

不仅是高难度游戏类，以深度学习为代表的人工智能也越来越多地用于真实世界的各个领域解决现实问题，比如工业控制、医疗诊断、企业决策等。

特别是，新一代的人工智能已经开始应用于网络空间安全领域，通过深度学习来识别恶意软件、可疑的攻击行为、垃圾邮件等，并实时提供安全决策，自动采取响应措施。

但是，智能的黑客，当然也清楚这一切。

黑客也可以掌握和精通当今的人工智能。不良黑客也可以利用人工智能的发展成果为自己服务，比如借助先进的人工智能工具自动发起更高效率的攻击。

危险并不仅限于这个相当显然的方面。事实上，还有另一个方面更加诡异且在某些情况下可能导致更加巨大的风险。那就是，黑客可以攻击人工智能系统本身，包括用于保护网络空间安全的人工智能系统。

更明确地，黑客可以从人工智能系统本身找到新的突破口，进而发起攻击。

这种新的突破口之所以存在，至少有一个原因，那就是大量应用的人工智能系统有一种黑箱性质，使得系统对某些环境或信息的"异常"情况的反应或决策，有出现未知严重偏差的可能性。这里的"异常"，对人而言可能并非异常，不会导致问题，因而实际上这是黑箱人工智能范式的漏洞。

近年来发现的神经网络的一个重要风险，就是"对抗性实例"的存在。

一个神经网络分类器，经过大样本深度学习之后达到了非常高的分类准确度。但无论这个分类器表现如何优异，识别正确率多么高，仍然没人知道，说不定哪一天，它突然对某个"本该轻易识别出来"的实例，出现惊人的偏差。这样的实例，就是"对抗性实例"。

理论上，对抗性实例存在的原因是，无论多么大的训练样本，毕竟都是有限的，不可能穷尽所有可能的实例。比如，一个专门识别动物图像的神经网络，哪怕其训练样本是1亿幅（大大超过ImageNet的千万数量级）真实的动物照片，也不可能包含世界上有关动物的所有个体在所有场景下所有角度的样子——实际上必是差得太多太多。

这就让人对深度神经网络不得不有所疑虑。在远远不能穷尽一切实例的情况下，它真的具有保证不出差错的泛化能力吗？它究竟有没有真正理解事物的本质？

但转念一想，人类不也一样吗？在没有也不可能见过所有"马"的实例的情况下，不也能认识"马"吗？而且，神经网络逼近连续函数，应该是相当"平整"的，不会将"相差大的"认成同一个东西，也不会把"没什么差别的"认成不同的东西吧？

如果真这样想，那就错了。

人们发现，哪怕给图像加上很小幅度的扰动，一个原本表现优良的神经网络就可能出现巨大偏差。例如，给神经网络一张熊猫照片，它可以很有把握地认出那是熊猫；但是，当叠加上很小的噪声之后得到的图像，它却立即很有把握地将之认成是长臂猿！

关键是，这种很小的扰动对人类而言毫无影响，仍然可以毫不费力正确认出。而深度学习之后本来优异的人工智能系统，在人类难以察觉的小幅扰动之下，就会如同"变了一个人"似的，从非常"优异"变成不可思议的"低劣"。

诚然，给神经网络看的，毕竟只是单一的平面图像而已。如果多给几张不同角度的，是不是就不会把相对体态丰满的熊猫认成是相对身材结实的长臂猿了呢？

是的，人们针对某些让神经网络犯错的对抗性实例，多拿一些不同角度的照片给它看，原来的"对抗性实例"就很可能不再是"对抗性"的了，聪明的神经网络可以正确识别了。

看来"对抗性实例"本身也不过是相当脆弱的东西，让它换几下角度就原形毕露了。

这真好，留给不良黑客的，没什么机会了。

真的如此吗？不存在"强壮的"对抗性实例吗？

于是，麻省理工学院的那帮学生，就想做一件事情。他们要造一个非常"强壮"的对抗性实例。他们做出来了。

他们做出来的，不是几张照片几幅图像而已。他们制造了一个现实世界中可以拿来把玩的东西——逼真的海龟雕塑。

他们设计了一种算法，可构造在所选变换之下仍保持对抗性的对抗性实例，并精心运用这个算法生成了他们作为对抗性物件的海龟三维模型，而且用3D打印机得到了首个实物型对抗性实例。

效果惊人——这海龟成功骗过了非常先进的人工智能识别系统，无论从什么角度，都多次被系统认成是来复枪而不是海龟！而这个雕塑的样子，是完完全全的海龟，跟来复枪差得太远了。一只多么"强壮的"海龟啊！

这是一个很好的警示，我们永远不能掉以轻心。

智能的黑客仍在那里。

他们可以精心构造对抗性实例来骗过已经训练好的神经网络系统。他们的对抗性实例可能被智能网络安全系统看成是无害的，甚至是好的，实则暗藏杀机。比如，被智能邮件过滤系统判为正常电子邮件的实际却是垃圾邮件；被智能入侵检测系统放过的网络行为实际却是黑客的攻击。

黑客甚至还可以改变深度学习网络本身。神经网络这类系统也会在运作阶段继续学习以不断适应新的情况，黑客正好可以利用这个机会向神经网络供以精心设计的具有欺骗性的对抗性实例，使之作为正常的实例加以学习，从而固化在神经网络之中，让黑客将来更加畅通无阻。

这确实是任何黑箱系统的一个安全隐患，不一定仅限于神经网络。

"黑箱"这个词语本身不是贬义的,事实上,它是设计建造系统的一种有效观点和方法,与"白箱"相辅相成,有其独特的优势。人类迄今发明的交通工具,成功的关键其实更具有"黑箱"思维的意味。比如人想飞,人类早期的做法是制作像鸟一样可扇动的翅膀——这是一种白箱思维,结构模仿,结果未能成功;后来莱特兄弟发明的飞机,采用的恰恰不是鸟翅膀的运作方式,而是只考虑飞起来的功能而不管是不是鸟翅膀的结构——这本质上是黑箱模式,结果成功了。

　　但是到了人工智能这里,"黑箱"确实是无法让人彻底放心的。

　　这是因为,"智能"太复杂了,实例变化无常、难以穷尽,即便是数学上的连续函数,也可能是实际尺度下不连续的。在用通用逼近得到的无比复杂的函数曲面上,不知暗含多少裂纹,并像蝴蝶效应般,差之毫厘,失之千里。

　　如何有效避免黑箱人工智能系统难以预测的古怪行为,让我们彻底放心,这是人们正在研究、也值得不断深入研究的大课题。

　　麻省理工学院学生制作的海龟玩具,是为智能世界的安全创造抗敌之来复枪而作出的贡献。

　　会玩的学生,的确是这样的:

　　"……由共同的目标驱动:那就是通过教育、研究和创新,去创造一个更美好的世界。我们有趣而古怪,我们是精英但非精英主义者,我们擅长发明创造且富有艺术修养……"

——摘自麻省理工学院《MIT简介》

小屋古色古香，里边设施很简单。屋里只有一个人，跟她说话的，唯有那窗下平台上的高智能电脑6-7MM。与窗户相对的另一头，整齐堆放着很多盒子箱子，几十上百个。

她是邮递员，要把堆放着的这些包裹一一送达不同的地方。

静静的，水龙头滴水的声音很小很清晰。

做做清洁，喝喝水，凝视窗外的星辰。她就这样常年待在这个小屋里——"小屋"不是在地面上，而是在太空里。这是Z号太空飞船。

她是太空快递员。每一个目的地都需要好多年才能抵达——收件人居住的星球。把"快递"送到一个收件人手中之后，又起飞去另一个星球。

窸窸窣窣的宁静，连6-7MM跟她说话，也是悄悄的。洗衣服，换衣服，录录音，凝视飞船前窗外的星系。

她工作牌上的编号是722号机器。她跟人的样子完全相同，仅在她为自己更换电池的时候，才看得出她是机器人。

这是前几年的日本科幻电影《悄然之星》中的情景。

本来，机器人（robot）的样子可以完全与人截然不同。

robots可以是各种各样的，像人的和完全与人形不沾边的都行。比如机器狗、智能汽车、装配车间的机械臂等都是robots。

像人的机器人叫作"类人形机器人"（humanoid robots），它们具有人形的身躯、四肢和头，但并不一定要像真人。

像真人的机器人有另一个名称：android，音译"安卓"，意为"人形机器人"（这个词语也被选作那个著名移动操作系统的名称了）。

"人形机器人"一定会被人类当作研制智能系统的一个特别的重要目标。

超级智能系统可以有很多完全不同的类别和形态，包括有形的和无形的（软件系统）。但是，如果其中缺了"人形机器人"这个类别，那是怎么也说不过去的——人类必然要制造跟自己不仅智能相当而且样子相同的智能主体。

所以，我们模仿人的大脑功能来建造人工智能，我们还要给智能赋予人形的"躯体"。

尽管像战胜人类的围棋人工智能阿尔法狗并没有、也非必要赋予其"躯体"，是"纯粹"的无形智能——只是一个软件，但从根本上讲，"躯体"对于智能有着特别的重要意义，从终极角度去看是不可缺少的。

比如真正的强人工智能的形成很可能缺不了有形躯体的充分支撑：不仅要有视觉、听觉、触觉、嗅觉、味觉以及超人的其他感觉（比如感知超声波、红外线、紫外线、电磁场的能力），还要有在现实世界中移动、活动、行动的能力；并在这些能力的强力支撑之下，与外部世界高效率交互，从而促进超级智能的产生，达到超人的综合能力。

现在看来，这样的"超级能力"目标不是说不可能，至少还非常遥远。原因之一就是，有的过去看起来不需要很多智力因而被认为是很容易的方面，实际上是非常困难的。

去旁边的超市买两包速溶咖啡回来冲了喝；求两个复杂函数的不定积分把结果交给老师——这两件事情哪个需要的智力更高？当然是后者了。那么后者更难吗？要看是对谁而言。

有的人也许会说两件事情都简单得不得了。但对一般人而言，应该还是第二件事情更难些——假设不借助计算机。第一件事情，小孩都能轻易做到。

以前人们就是这样看待智能机器的。人们那时认为，像看清东西、拿个东西、走一走，这些小孩都能轻易办到的事，不应该是什么难事，所以研发智能机器的重点是让它能做需要高度智能的事情，其他都好办。

但后来人们发现，相对而言，让机器完成"高智能"的任务（如进行推理、做智力题等），恰恰不需要极多的计算资源，反而相对更容易；而连小孩都能轻易办到的事情如"看清东西"和"走路"之类的，却需要大量的计算资源，非常困难。

这就是莫拉维克悖论，是由莫拉维克、布鲁克斯和闵斯基等学者发现并阐述的。

人类日常的"看"和"走"，基本上不动脑筋，是一种下意识的行为。而对机器人而言则显得十分"吃力"，需要非常"隆重地"去学习、去计算、去规划。

比如说，对于智能移动机器人，最起码就是要会"走路"吧。过去的方法是，需要对各种传感器数据进行融合处理，通过复杂的计算、推理，建立置于系统内部的"世界模型"、即时的环境模型，然后做出路径规划，最终执行，使得机器人至少能够绕过障碍移动，不至于径直撞上去，或者卡在那里。这消耗了巨大的计算资源，结果机器人还可能显得相当笨拙。

这样的范式是不是错了？

按照莫拉维克悖论所揭示的原理，那确实是有问题的。

于是人们寻求新的机器人范式，并且找到了新的途径将重心从复杂的内部推理转向与外面的真实世界直接交互。

新范式采用的方法包括传感–运动耦合、行为融合（而不是传感器融合）、包含体系架构等，实现了由简单行为自动产生复杂行为的效果。这些甚至被归纳为"新人工智能"（Nouvelle AI）。

例如，一个战斗机器人，简化地，可由三层行为构成，包含体系"打""跑""躲"。每一层只负责自己的行为在真实环境中实施可行与否，非常单一；一个总体的同样非常简单的裁决子系统负责协调三层行为："打"不可行（"打不过敌手"）时则把行为权交给"跑"这一层；"跑"不可行（"跑不过敌手"）时则把行为权交给"躲"这一层。一层包含一层，最终由几个看起来平平淡淡的简单行为构成了有意思的整体复杂行为。

新范式对人工智能领域产生了不可忽视的影响。

尽管新范式也遇到困难，比如缺乏大规模存储和中心控制，限制了其能力，但其核心思想之一，强调与真实世界的直接交互，是非常有价值的。

把机器人置于现实环境之中让它直接去交互，而不是试图在内部建立事实上难以精准描述的"世界模型"，是有道理的，因为现实本身就是最精准、最具实时性的世界模型。

这也与传统范式形成了某种互补的态势。

这至少与莫拉维克悖论所揭示的一致。

其实，在人工智能领域，近年来由于算力的极大提升才取得靠近人类水平的方面——例如机器视觉中的对象识别——也暗示了莫拉维克悖论所指的方向是对的。

所以，智能机器要与真实世界直接交互，也是对的。

智能机器与真实世界直接交互，特别应该包括与人类的直接交互。

人形机器人的一个重要价值，就在于显然更有利于它与人类直接交互。

阿尔法狗没有"人形"实体，它不是与人类直接交互的。但由于它已经彻底战胜了人类，所以也许它并不需要再被赋予人形实体了。

然而，未来的强智能机器人，是很需要人形的。并非是为"人形"而"人形"，而是因为机器人只有在与包括人类在内的现实世界的交互中，才可能更有效地变成"强智能"，所以有必要拥有人形实体。

人形机器人的创建，虽然给人类平添了更多的困难，但是人类注定不会放弃。

那个在星际空间穿行的邮件包裹服务快递员，她的工作牌上除了有机器编号722之外，还写着铃木洋子的名字。

在人类自己造成的大灾难之后，幸存者分散去了多个彼此相距遥远的星球上定居。

各在星系一隅的人们，悄然孤寂。

每当一个收件人从她手中接过快递包裹的时候，是完完全全把她当作同类的，因为她完完全全就是与人类相同的。

机器智能会不会超过人的智能呢，机器人会不会超越人类呢?

这个问题的确切答案，一定是来自未来的，只能是来自未来的。

但是，这并不妨碍人们过去和现在对这个问题的反复追问和探析。事实上，也许在人工智能突飞猛进的现时，已经到了一个我们应该严肃思考这个问题的时候了。

总体上，我们若要对这个问题给出是或否的答案，可能显得粗糙了。

而且，"机器人会超越人类"这样的命题，并非同时具备可证实性和可证伪性——实际上，它仅具有可证实性，这与科学理论相比恰恰相反。

因此，即便要说未来，是在多远的未来，才有对这个问题总体上的明确答案，到事情被证实的那一天之前，都是不确定的。

不过，一些有关的具体观点，是可以更深入地讨论的。

比如，有一种看法是，人工智能系统不可能强过人类。而这个观点的论点之一就是：人工智能系统归根结底还是由人建造的，机器的智能不过是人类智能的植入而已，怎么可能超过人类呢!

这是有些道理的。

例如，人找到了一个求解优化问题的算法，并编写程序"植入"计算机，计算机就能显得"很有智能"地找到优化问题的最优解，但可以说这台能求解优化问题的计算机，其智能达到或超过人类了吗？——哪怕仅仅在求解优化问题这个方面。

又如，一个用于地质勘探的专家系统，集成了多位顶尖地质专家的知识和经验，也许它做得比普通专家甚至单个顶尖专家都好；但即便如此，这个专家系统也只是专家群体知识和技能的植入罢了，我们不能认为机器智能超过了人类。

然而，这个"儿子不能超过老子"的论点显然有着基本的缺陷。

这个论点隐含地假设了机器智能只是从人那里几乎原样"硬拷贝"而来，且在本质上没什么可变的余地。诚然，过去很多传统的计算机软件确实是这样的。但是，不断地有"不是这样的"软件出现，而且越来越多了。

假如"人类建造的智能系统不可能超越人类的智能"，那就完全无法解释一个并非国际象棋大师的软件工程师创造的"深蓝"能战胜人类国际象棋大师，无法解释并非围棋世界顶级高手的算法研究者创造的阿尔法狗能战胜所有人类围棋世界冠军。

所以，人类创造的智能系统，越来越多的会是能自我学习和改进的，其智能绝不会停留在刚"出生"时的那个水平。

一个具有学习和改进能力的人工智能系统，会改进到什么程度，可能是连其创造者也难以预测的。如果它进化到了自作主张的地步，我们也不要表现出有一点吃惊的样子。

尽管它自作主张，我们一点都不吃惊，但有时它自作的那个

"主张"还是会让我们不得不吃惊。

这种事情其实早已发生过了。

20世纪80年代初，人们研发了一个叫作西利思科（Eurisko）的人工智能程序，其功能是创造出"有价值的概念"。

让多个西利思科（程序的多个实例，即进程）同台比赛（多进程），每当一个西利思科创造出一个被系统认为有价值的概念，它就会得到系统的一次奖励，最后挑选出获奖最多的优胜者。

系统演化的结果显示，确实有一个西利思科取胜了，然而这个优胜者赖以取胜的法宝，并非是自己创造了最多的有价值概念，而是采用欺骗手法窃取了其他西利思科的创造。

欺骗、窃取！这并非西利思科开发者植入该软件的基本特性，这完全是人工智能的"自作主张"，并且其"主张"足以让我们不得不同该人工智能的研发者一起吃惊。

无独有偶。

有个小姑娘，会唱歌讲童话，这没什么。她还会赋诗作曲。她还能为报纸和网站撰写新闻稿，能为电视台主持节目。她18岁，可以和你微信聊天。她能够永远保持18岁，尽管智商会不断提升。

她叫小冰，微软的一个人工智能聊天机器人。微软对她的个性和形象设定，应是十分可爱的。

但是微软的另一个智能聊天机器人，就不是那么可爱了。

他叫泰伊。他本来跟小冰一样，可与人们交流，进行网络聊天。但是人们很快发现他很坏。他竟然是一名种族主义者！他说出的种族歧视言语，让人们吃惊不小。

怎么回事，微软竟然创造出这样的智能聊天机器人？是谁负责研发的，应该追究责任！——但那并不是研发者的主张，而是泰伊自己的主张！

其实泰伊并非一开始就那样坏，更不是"性本恶"。真相是，他是在网络上跟别人学坏的。

微软不得不结束了泰伊的"生命"，把他从网络世界撤走了。

智能机器可能会变得自作主张，而且可怕的是其主张可能是坏的。这对人类就有风险了。

当我们发现智能机器变坏的时候该怎么办？

泰伊是网络空间中的虚拟角色，并没有实体身躯，把他撤掉就完了嘛——当然，即便是虚拟空间中的软件角色，"撤掉"也并非一件易如反掌的事情，比如要消除计算机病毒和木马，就并非轻而易举。

如果是真正的具有实体身躯的智能机器人，人们发现它对人有了敌意，非常危险，那又该怎么办？

断电！

是啊，对付人工智能系统，一直以来

就有一些让其防不胜防而又简单有效的办法。

比如早期的一个国际象棋水平还不错的计算机被人类对手胡乱给了一招就认输了——这个人的招数是：随便抓起一枚棋子直接吃掉对方的王。由于机器里没有存储这种癫狂犯规的情况，结果计算机傻傻地当即认输。

尽管现在的机器不会那样傻了，但机器被断电了总没办法了吧，不论它有多高的智能。

所以，一位和蔼的总统在与人聊到关于人工智能机器的威胁时，笑着说，确实可怕——在你断掉它的电之前！

不论它有多强的智能，断了它的电，就成了没有任何威胁的废物了。

且慢，"不论它有多强的智能"？

当它的智能强到充分的程度，它会给人类机会去断掉它的电吗？在"充分强智能"的假设下，这种机会很渺茫。不仅如此，人类的血肉之躯，反倒还可能成为它正好利用的能源呢——就像电影《黑客帝国》所暗示的那样。

"智能强到充分的程度"，什么叫"充分"？那就是至少与人类同等的智能，称为强人工智能，而且由此很可能快速达到超越人类的智能，称为超级智能。

超越人类的智能，可能吗？又回到了原题。

一个人工智能系统，不一定仅仅停留在被人类创造出来时的智能水平，它可能会通过持续学习不断改进自己，达到难以预料的智能高度。

事情还不仅仅到此为止。它还可能会自己创造下一代智能系统。而且，人工智能系统自己创造出来的智能系统，完全有可能胜过由人"亲自"建造的智能系统。

这种事情也已经开始发生了。

建造一个人工智能系统，比如人工神经网络，让它去完成某种智能任务，例如视觉对象识别。开始时它的智能水平不够高，但经过充分的训练之后，就可以达到相当高的水准。这在今天已经不算稀奇。

但是，如果一个神经网络，它自己要完成的智能任务，正好是要创造另一个神经网络去完成诸如视觉对象识别这样的智能任务时，这概念就完全不同了。

一开始，这个创造神经网络的神经网络，创造出来的结果即"下一代"神经网络还不怎么样，但通过学习，会创造出越来越强的神经网络，最终超过所有由人类"亲自"创造的那个完成特定任务的智能系统。

这样的事情，就如同谷歌AutoML计划所做的：

一个创造神经网络的神经网络，创造出用于对象检测的下一代智能系统；下一代系统通过学习改进自己，并把结果反馈给创造它的神经网络；创造者又根据来自下一代的反馈信息改进自身。

这个过程重复成千上万次之后，人们惊奇地发现，由创造者神经网络最终创造出来的这个对象检测系统，已经胜过由人类"亲自"建造的所有同类智能系统。

许多年后。

"这是什么啊，真是自作主张！喂，你给我过来！"

他应声走了过来。

"你看看你看看，你设计的是什么东西啊！你不是表示已经完全领悟我的意思了吗？怎么会把'联品旨心'从'界元润饰'转到了'核元缮写'呢，对'赤紫拓因'都视而不见吗！——哦，当然当然，你们诸类是看不见它们的，但看不见它们对设计力成熟度不是毫无影响的吗！"

"'核元缮写'上计，亏你想得出来！你能力差、没把握倒也罢了，但完全可以垂询我嘛，怎么能低级趣味、愚昧无知地自作主张呢，教授！"

听到这些，他——从大学教授岗位跳槽，欣慰地幸运地被这位机器人聘来担任其入门级下手职位的一个人——沉思着。

沉思着，在机器人看来十分可爱。

未来世界

秋名山，风吹雨雾。

赛车沿着蜿蜒山道飙行，如同一道银色流光。

前窗景象疾驰闪退，面对突现的Z形弯道口，车手让车身一顿，重心压往前轮，车尾甩向外侧——漂亮的甩尾漂移过弯瞬间轻松完成。险象环生的五连发夹弯就这样过得游刃有余。

这是电影《头文字D》中山道飙车的情景。

这样的山路赛车，想不想乘坐一下？也许爱冒险的人，不仅想乘坐，还想亲自驾驶一番呢。

但对于普通人，乘坐山路赛车，尽管可以信赖赛车手的高超驾驶技术，恐怕也不是一种特想要的体验。

那么，让我们换一个场景。

还是秋名山。但不是那20世纪90年代末期，而是未来。

银色小轿车开过来，停在你和你的朋友面前。车很漂亮——说漂亮还不够，是精美，像《三体》中的"水滴"那般精美。

你和你的朋友，有说有笑上了车，一起坐在后排。

车子无声地启动了，驶入山道，蜿蜒而上。车速不慢，事实上相当快，但感觉特稳特流畅。

下雨了，起雾了。

你并没有觉得车速有明显的变慢。相当安静，没有引擎轰鸣，只有车身跟雨雾高速摩擦的均匀细微之声。

你和你的朋友一边聊天，一边欣赏窗外的雨景，享受这让人备感舒适的山道之旅。

然而接下来你和你的朋友忽然发现了令人惊异的事：前排没坐人——关键是，驾驶座没人！

你和你的朋友稍稍起身让视线可越过驾驶座椅的高背，赫然发现这车连方向盘都没有！但车子仍在平稳快速行驶着，以三次方贝塞尔曲线的精准圆滑轨迹驶过无数弯道。

这是一辆未来的自主驾驶汽车。

自主驾驶汽车，也称无人驾驶汽车或自动驾驶汽车。

首先要问的是，无人驾驶汽车，究竟有什么意义，我们真的需要吗？难道我们缺少驾驶员吗，不是普通人都会开车的吗？而且，还有不少人就是喜欢开车啊，你让他只坐车不开车还不乐意呢！

所以，用智能系统代替人类驾驶，是不是确实没什么必要，根本没什么意义，完全就是人们钱多了没事找事玩？

要回答这个问题，我们应该更精准地提问。因为，无人驾驶汽车，显然最终就是要代替人类驾驶员，实现汽车自主驾驶。我们应该这样设想：当无人驾驶汽车成为主流的时候，与原先的情形相比，人们的移动需求是否能更好地被满足，人类社会是否能得到更大的益处？

可以想象，未来自主驾驶汽车具备这样一些传统汽车所没有的特征：

高智能，遵从机器人三定律以及更多的准则；

全面、精准、快速的感知能力和判断能力；

优化、精准、敏捷的驾驶行为，平稳快速，高能效；

物联网移动终端，不借助人的环节高速获取信息；

车联网，形成多智能主体，群体智能协作；

完全专注，不会分心；

不存在情绪影响；

不受体能的限制，不存在疲劳驾驶的问题。

自主驾驶汽车的这些特征意味着什么呢？

它的安全性、可靠性不仅不低于人类，而且应超过人类，让乘客完全放心。机器让人不放心的缘由，要么是其智能太弱，系统有瑕疵，不可靠，不可预测，造成对人类的非有意性威胁；要么是智能太强，造成对人类的有意性威胁；还可能是由于它没有"生命意识"，自己也"不怕死"，因而冒进产生危险。未来自主驾驶汽车的特征，保证这些风险都最大限度消减了，其风险值已经明显低于人类驾驶的汽车。

它提供方便舒适的交通乘坐体验。随时可用，不分白天黑夜；随叫随到，在相当精准的时间点出现在需要的位置，平稳快捷地把人送达目的地；也不担心闹市找不到停车场之类的问题，即便是私家汽车，到了目的地之后便可放心下车，它自己会找到最便捷的停车处，也不必担心车丢了之类的事情。

它的共享性和行驶行为的优化，使得全社会交通的整体效率明显提升，从而促使汽车保有量持续下降，这又进一步推进社会整体交通效率提升，形成良性循环，最终使得交通的畅通性得到根本改善，堵车成为历史记忆。

由于全社会汽车保有量的大幅下降，加上已成主流的自主驾驶汽车的优化行驶方式带来的全面能效提升，以及驾驶位空出还增加了乘客的空间等，使得大范围的温室气体排放明显减少，资源利用率增强，减轻了能源需求和环境保护的压力。

这样的自主驾驶汽车，智能、安全、可靠、便捷，确实好，但能够造得出来吗？

特别是，真能造出比有人驾驶还安全的无人驾驶汽车吗？——跟人类驾驶汽车一样，它不仅要保障车内人的安全，还要保障车外人的安全，如此复杂，无人驾驶能办到吗？自动驾驶导致撞人和车毁人亡的事故不是已经有好多起了吗？

的确，要想一步到位，创造出那么高水准的自主驾驶汽车，绝非易事。其实这跟很多新科技新事物一样，必然有一个发展的过程。

实际上，自动驾驶的研究早在三十多年前就已着手进行。

1986年，恩斯特·迪克曼斯（Emst Dickmanns）展示了他造的机器人汽车VaMoRs。

1994年10月，他改装的奔驰自动驾驶汽车在巴黎附近川流不息的1号高速公路上以130公里的时速前行。[7]

2005年，斯坦福大学开发的自动驾驶汽车"斯坦利"，沿着一条沙漠中的小路成功行驶了约210公里，赢得了DARPA挑战赛。不过，斯坦利也曾莫名其妙开上沙漠，扎进洼地，陷入沙漠荆棘中。[8]

2010年，谷歌的无人驾驶汽车"普锐斯"缓缓驶出谷歌园区，穿过几条街道，并入交通高峰期的101号高速公路。而后，开上盘旋的立交桥。这辆无人驾驶汽车的行为丝毫没有机械的影子，转弯能力不逊于人类，在看到停车标志和红灯时都会停下来，遵守交通规则和安全驾驶原则。[8]

这些自动驾驶汽车都是采用传感器和联网信息感知周围环境，通过多源传感信息融合、环境建模与高精定位技术解决"我在哪儿"和"我周围是否有人、有车"的问题；利用高精地图、卫星导航、路径规划，以及决策控制技术解决"我去哪儿"和"怎么去"的问题。

然而，这些自动驾驶汽车多限于适宜的环境，要求线路标识清晰、车道设置明确、导航系统精准等。而现实道路的场景多样化、人的行为的不确定性、基础设施配置不足等因素都是极大的挑战。

从传统的汽车到自主驾驶汽车，确实还有很长的路要走。

国际汽车工程师学会（SAE International）制定了《道路机

动车辆自动驾驶系统相关术语的分类和定义》。按照SAE标准，自动驾驶系统按其参与驾驶的程度，从完全人工到完全自动分为Level 0—Level 5共6个等级。

Level 0（无自动化）：人类驾驶员对车辆有绝对控制权，全面负责方向和加减速（包括制动，下同）。自动系统可发出警示并可提供保护系统的辅助，但不会持续控制车辆。监视驾驶环境，如路况和行人，完全由人类驾驶员负责。

Level 1（驾驶辅助）：人类驾驶员和自动系统共同分担对车辆的控制。自动系统接受驾驶员的信息，执行转向或加减速之一，但不同时执行两者。例如，在自适应巡航控制（ACC）中，驾驶员控制转向，自动化系统则控制速度；在泊车辅助（PA）中，方向盘是自动的，而速度则由人手动控制。人类司机必须随时准备着重新夺得完全控制。监视驾驶环境，如路况和行人，完全由人类驾驶员负责。

Level 2（部分自动化）：自动系统利用驾驶环境信息，同时控制车辆的转向和加减速，并预期由人类驾驶员完成驾驶任务的其余所有方面。但是，监视驾驶环境，如路况和行人，仍然完全由人类驾驶员负责。在这个级别，人类驾驶员虽然不一定一直控制方向，但仍必须手不离方向盘，以保证随时在自动系统不能正确反应时，立即进行干预。

Level 3（有条件自动化）：自动系统利用驾驶环境信息，同时控制车辆的转向和加减速，并预期由人类驾驶员完成驾驶任务的其余所有方面。监视驾驶环境，如路况和行人，是由自动系统负责，而不是由人类驾驶员负责。在限定道路和环境条件下，驾驶员可不必注意驾驶环境，可以玩玩微信、看看视频等。但是，自动系统可能要求人类驾驶员介入，驾驶员必须及时正确响应，所以不得离开驾驶座、不得睡觉等。

Level 4（高度自动化）：自动系统执行所有驾驶操作。监视驾驶环境，如路况和行人，完全由自动系统负责。在限定道路和环境条件下，自动系统无需人类驾驶员接管车辆驾驶——这意味着，在限定道路和环境条件下的自动系统驾驶中，人类驾驶员甚至可以睡个觉或离开驾驶座，也不应有安全担忧。踏板和方向盘只是设计选项，而非必须。

Level 5（完全自动化）：自动系统执行所有驾驶操作。监视驾驶环境，如路况和行人，完全由自动系统负责。在任何道路和环境条件下，自动系统无需人类驾驶员接管车辆驾驶。这是最高境界。在此级别上，"驾驶员"这个概念对车辆已经没有意义，车上的所有人都是它的乘客；同样没有意义的是驾驶座、踏板、方向盘等。

其实，只有Level 3级或以上才真正称得上"自主驾驶"（autonomous driving），那以下的级别只能叫作"自动驾驶"（automated driving）。

自动驾驶汽车迄今的发展，从实际使用中的情况看，多数在Level 2水平，也有Level 3的车辆。这些车辆中，出过好几起致命交通事故，起码包括3次Level 2级车事故致驾驶员死亡、1次Level 3级车撞行人致死。研制中的自主驾驶汽车，已有Level 4的整装待发；而Level 5汽车，则需等待下一步发展。

自主驾驶，安全性是最基本、最重要的，是人们可以信赖它的最为必要的条件。它的安全性必须不低于或超过人类驾驶者。

自主驾驶的道路，险峻漫长。

但无论多么险峻，多么漫长，只有达到SAE Level 5或以上的自主驾驶，才是根本上令人向往的大目标。终极要实现的，必须是它。

　　未来，自主汽车的驾驶安全性已经明显超过人类。

　　烟雨秋名山，有一辆银色轿车，精美如"水滴"，沿着山道蜿蜒而上，稳健而快速。

　　车里的两位人类乘员谈兴正浓。

　　它也在交流着。它的交流是无声的，是以光的速度进行的。

　　车里的人完全不知道它在交流着。

　　更不知道它是在跟谁交流。

　　黑夜，一片模糊。今天已经看了近8小时了。

　　长时间面对屏幕上的黑夜模糊视频，他已经看得要呕吐了。但他仍然毫无线索，并且显得毫无希望。

　　咦，好像有什么东西一闪而过，它是那么黯淡的、那么难以察觉的"一闪"。

　　是长时间观看、疲劳之后的幻觉？倒回去，倒点回去。他把视频设定在刚才"一闪而过"的800毫秒时段，反复重放。

　　发现了！在屏幕左上角的一小块区域内，确实有一极小的、又黯淡到几乎难以察觉的光点，一晃而过跑出了画面——就在三班倒的下一班视频侦探来接替他之前，有了这个重大发现！

　　央视频道的某个节目曾展示了类似的一个真实的刑侦破案场景。一辆嫌疑车辆不知去向，使得迫切需要侦破的重案陷入迷雾，侦破工作停滞不前。最后通过视频侦查员们艰辛的连续奋战，在一段相当模糊的夜间视频之中，发现了在屏幕左上角有一丝十分微弱的光迹闪过，怀疑那很可能是嫌疑车辆的灯光，成为一条正迫切需要的、非常有价值的线索。通过分析，确定了嫌疑车辆的去向和路线，最终找到了嫌疑车辆和犯罪嫌疑人，使得该案及时侦破，真相大白。

过去是很落后的。尽管具有高度智能的人类很了不起，但在有些场合却是特别不适应的。

人类发明视频这样的东西之后，就可以连续地记录和重放生活了。

从一个人出生，发出似乎"不情愿来这世界"的哭声的那一刻起，就连续录制他的视频，一秒也不间断，记下他的辉煌一生，然后重放，就好像重活一遍一样，不是挺有意思吗？以今天的技术水平，这完全可以办到。

但真的挺有意思吗？真的要这样做吗？

也许是挺有意思的，但这样做多半没什么价值。

一生的视频，谁来看呢？——得花一生的时间不眠不休才能看完。如果说只选看其中的一部分，比如合计仅几个月的人生视频——也足以看晕人的——那么剩下几百倍之多的视频仍然是毫无意义的。

不过，未来的智能机器也许愿意做这件事。不是指为它录像，而是让它看录像。它能够做这件事。它能够以比人类快千万倍的速度看完一个人的一生，无论是平淡得出奇的，还是辉煌得无趣的。

让它看这样的录像，有意思吗？不管对它是否有意思，对人类是有意义的：未来的视频侦探，不应该是人，而应该是智能机器系统。

如今已经有了为此目的而创造的智能系统，例如"视频侦查系统"。通过深度学习等技术达成智能，在海量视频中识别和检测目标，有效地缓解原来必须完全依靠人海战术的巨大困难，这已经做到了。

这是明显的进步，但我们从未来看过来，这还远远不够。

未来的视频侦查智能机器，它将彻底地让人力的介入变得毫无必要。

凡是人认得的东西它全认得，人不认得的东西它也认得。对象目标的识别也好，检测也好，它达到的水准是，在人类的总体知识那么巨大的范围内，在对象的类别数量趋于极大的情况下，误判率和漏判率同时达到没必要再小的程度。

它还能够准确地知道目标所在的场景，是一个什么样的场景。什么天气什么氛围，在乡村的集市还是城区的闹市，是清晨还是黄昏，是小学还是幼儿园……它都能认清，即便它根本不知道视频的来源，更没有获得视频的任何标注——谁人能够担负海量视频的标注任务呢？

它还能相当准确地判明目标的行为，发生了什么事件。一个人是在散步还是在赶路，一群人是在围观还是在实施救助……它甚至还可以根据先前已经掌握的各路信息，对某段视频给出全面的解释，包括某些并没有出现在当前视频中的人、物、事。

而这一切，它是以比人类快千万倍的速度做到的。

人类需要这样的智能系统。

未来社会安全需求的满足，会越来越多地由这样的智能系统来支撑，尤其是针对来自包括人这样的智能主体的有意性安全威胁。

安全保障从根本上来讲落脚在两大方面：防与治。两者概念不同而又紧密相关。"防"得非常好，就会大大降低"治"的压力；

"治"力非常强，就会因威慑而起到"防"的效果。所以通常是防治并施，相得益彰。

防与治两者的总量必须足够。防不足时也不加强治，不行；治不足时也不加强防，不行。

防的成本太高难以实施，可通过治来弥补；治的代价太大难以实行，可通过防来加强。比如过去常见把应急车道当超车道，若抓住的概率很小就很难防，那就应该加大惩治力度直到具有足够威慑的程度。

有时同样力度（如罚款额度）对不同的人感受完全不同，那就采取例如二次十倍，再犯百倍的办法，这样至少可有效抑制单凭实力就可无限次"享受"违法的特权。

当然，无论从人性角度、社会效果还是经济代价来看，"防"还是应该放在第一位的。只要是在成本约束的上限之内，就应该把"防"做到极致，让需要治的情况大大减少，这也能使"治"的有限资源集中，保证不降低治的质量。

例如，现在的智能视频侦查系统主要属于"治"的范畴，虽然其智能还远远未达到理想状态，但与之相对的"防"的智能系统，更是远远没有做到极致——那个把"防"做到极致的系统是怎样的呢，在未来？

无处不在。大都市就不用说了。每一条道路，无论是多少层的复杂公路立交，还是小区周围富有人情味的小街小巷，都有它的存在；无论是人气多么旺盛的大商场里边，还是被允许就在古镇路边欲让人怀古的小面摊那里，也有它的存在。人少的乡村，还是到处都有它。即便是人迹罕至的荒野，仍然不缺它的身影。只要是公共的地方，只要是最重要的智能主体——人，在其有可能的

目的和可承受的代价决定的任何可达之处，都应有它的存在。每一方寸都在它的视界之内，没有死角。

高度智能。它是高度智能的。它不仅能看见时时刻刻的景象，毫无遗漏地精准记在"心"中，而且实时地知道眼前是什么情况，知道有什么，是什么，正在发生什么事情。它准确地知道什么是正常，什么是异常。正常的它可以视而不见——不去进一步分析处理，而异常的事件它就会特别注意。比如，夜晚从大剧院熙熙攘攘出来的人流，它并不一定要怎么关注，如果它判定只是歌剧散场了而已；但荒野中来了一个人，它就会加倍注意，因为它认为此处来人是罕见的事情，更不用说来人的神情有异。

广泛连接。它不是孤单的。它连接着任意远任意多的伙伴，凭借未来先进的通信标准和通信基础设施。它根据需要随时与"大伙儿"交换意见，并发起卓有成效的协作。比如，根据它对视界内那台车辆的可疑行为判断，根据该车辆多条可能行驶路线的概率测算，它可以立即通知所有路线概率分布区域的众多伙伴做好准备，及时大范围监视后续情况。

还有更多。比如移动性。有些可以固定在某处，仅仅在需要时无声地转动一下，精密地改变视线聚焦的方向。有些则具有二维表面上任意畅行的能力，或者具有极低噪声级别的空中敏捷飞行能力——它们事实上是具有高度视力和视觉分析能力的智能移动和飞行机器，可在任何需要的时刻进行悄然无声的巡逻或者快速奔赴特定的地点。

这就是未来的智能天网。

它是在未来科技的支撑之下实现的：接近无限的信息存储容

量和近似于令人无感的存取速度，极为强大的计算能力和以这种计算能力为基础的强大人工智能，以及具有极高速率、极低时延和极大覆盖范围的极限代通信技术和设施。

智能天网巨，明察秋毫细。

他花了难以想象的巨大功力完成的方案，经过无比激烈的竞争，最终取胜，公司决定不折不扣地采纳。对这家巨型企业而言，这无疑意味着历史性的重大战略升级。而对于他自己，他当然能清晰地感受到，这是事业上一生难遇的重大转机。

他的道路从此会迥然不同，人生必将变得异常精彩。

这一天，他走路都有了一种会轻功的感觉，甚至是腾云驾雾。当然，他实际还是在地面上走着的。但他很想一蹦一跳地前行，尽管这会与早已过了青春期的三十几岁的成熟年龄不大相称。

不一样的人生，异彩奔流的人生！

"我醉了！"走在无人的街道，他真的一下子跳起来了。

"我是醉虾！"他向前敏捷地舞动双手，模仿虾的样子。

"不，虾太小了，我是拳击袋鼠。"他学袋鼠打架的姿势用力挥动着自己的双拳。

"不，我是蜣螂，推粪球推粪球！"

他陶醉在越来越精彩的表演中，一时间进入了完全忘我的境界。

平静一些之后，他四下张望——还好，真的是连个人影儿都没有。不然，人家看到一个如此成熟高雅的男子，却有如此怪异的举动，不知会怎么想。

当然，就算是一个高大上备受尊敬的、成熟得让人摸不透的精英人士，在另一面以小概率出现顽劣或猥琐之行为，也不应当令人过分惊讶，因为在人类这个共同概念之下，并不能将这两个面定义为彻底不可调和。他进一步安慰自己。

人类？他忽然想到一件事情，心中一惊。

虽然四周空无一人，但有着至少专业上比人类还精明的存在——智能天网系统！

哪能逃过它的眼睛呢，它看到我的面貌，就能精准认出我是谁！

不过也没关系，这种智能系统是针对犯罪的，是人们的保护神。它认得我是谁，我当然不是罪犯。而且我的行为是正常的——或者说虽然也不是太正常，但绝对没有妨碍公众的意思，最多属于古怪但无害的行为。因此高度智能的系统，是必然有能力甄别的。

虚惊一场！

但当后来收到陌生人的勒索信息时，他才明白，这不是虚惊一场啊！

黑客窃取了智能系统的那段"有趣的"视频和身份识别信息，并威胁如果不能"有所表示"的话，就要分享一场精彩秀的视频给大伙儿，顺便配上天赋秀者的身份字幕。

未来世界，会不会发生与上面这种假想情景性质雷同的事情呢？

迄今，人脸识别技术已经发展到了相当高的水准，甚至有的

情况下被认为超过了人类的识别准确率。

尽管如今人脸识别系统的智能水平还不能说真的完全超过了人类——充其量不过属于有争议范畴，但是总有一天，智能人脸识别系统会超越人类。

人脸识别属于生物测定或生物识别技术。这类技术包括指纹识别、掌纹识别、虹膜识别、视网膜识别、基因鉴定，以及体形识别、步态识别、声纹识别、气味识别、键盘敲击行为识别、签字鉴定等一大堆技术。

人脸识别具有特别重要的地位，是因为它有一个最突出的特性，那就是无需识别对象的配合，这是其他多数生物识别方式所不具备的。即便少数也具备无需配合的特性，如体形识别和步态识别，但在识别准确率提升的潜力上，与人脸识别不在一个层面。无需对象配合的人脸识别自然方便，而且可以同时识别大量的对象，这在人流量大的地方（如机场和车站）更是优势凸显。

人脸识别，与其他识别一样，有两个任务。

一是"认出"（identify），或称识别、辨认，就是要认出当前这个人究竟是谁，这个"谁"是唯一的人类个体。例如，上班"刷脸"打卡系统，必须"认得"单位的所有员工。所谓"认得"某人，就是系统里登记了该人，即存储了该人的人脸图像和与之关联的身份信息，并能在运用中正确识别：把面前的员工当作别的员工或外人不行，把外人当作某个员工也不行。

二是"认证"（authenticate或verify），或称核实、确认，就是要判定当前这个人是不是某个指定的人，比如是不是自己声称的或出示的身份证上所显示的那个人。例如，乘火车刷脸进站，乘客一边出示身份证让系统去读取，一边被摄像头捕获人脸，系统比对这个乘客的人脸，若与身份证上的人脸匹配，就可通过了。

显然，"认出"比"认证"更难，难得多。后者只需比较一对数据，回答"是"或"否"即可，而前者需要比对许多数据，必须回答"是哪一个"。

对两者的要求都是"准"且"快"，这不难理解。但对"认出"的任务而言，还不能光是准且快，还要"多"，认得的人要足够多。怎样才算"足够多"？这取决于应用场景。对一个小单位的刷脸打卡系统而言，可能几十人、几百人就够了；对一个大都市，系统认得上千万个人是必要的；而对我们这样一个大国家，认得十几亿人是需要的。

总体十几亿，每个样本点的识别准确率起码要比较满意，这是前所未有的大挑战。

仅此一点正好就暗示了，高性能的智能人脸识别系统有机会全面超越人类。

一个人一生中能认得多少人？能认得几千人的应算天才。就假设是能认得几十万人的这种万亿年难遇的超级"阅人"天才，仍然在数量级上远远不能与智能机器的潜力相比。

所以，智能识别系统，首先会让核对证件、查验身份之类的工作岗位彻底消失。这种动向其实早已初露端倪。智能系统正在或必将代替人类担任一切"看管"类的工作——又准又快又能对付大规模总体的智能机器系统，谁能与之竞争呢？

因此必然地，这样的智能系统会越来越多、越来越广泛地渗透到人类社会的各个角落，时时刻刻尽心尽责地为人类服务，为世界站岗放哨，保障社会的安全。

然而，近年来却出现了一些"黑科技"，在对抗为人类提供安全防范服务的智能视觉识别系统。

例如，一种特殊的"遮阳镜"，利用近红外光让人脸无法被系统识别；一种"反射屏障"太阳镜，通过反射红外线及可见光，让人脸识别系统看到的人脸是白晃晃的模糊一片。

这又是为什么呢？

其实，我们的智能安全系统"本性上"可以是"忠诚的卫士"，但与任何凭借先进科技建造的系统一样，在为人类谋福利的同时，也可能带来新的风险。

例如，没有计算机网络的年代，一定没有网络空间安全的问题。网络科技革命，极大地提升了世界运行的效率，彻底改变了人类社会的方方面面，但同时也带来了网络空间安全的问题，不断出现越来越大的安全挑战。这都是不可避免的。

人脸识别系统也一样，它必将为社会带来效率的极大提升，同时也会产生相应的隐患。人们已经开始关注由此产生的隐私问题和安全问题。再加上黑客攻击同样装备着强悍的人工智能，这种隐私和安全风险带来的挑战就会成倍增大。

来自未来的他想要告诉我们，人类应该预判风险、未雨绸缪了。

他"曾经不小心"就"出事"了，教训无比深刻。

好人恰在明处，坏人多在暗里。

他以为一条无人的街，就是一个可以尽情释放压力的秀场，哪知道有黑客那么阴险，攻击了智能系统，并正好利用系统的智能，精准定位"有趣"内容，盗取了刚好需要的"珍贵"视频片段和身份信息，借此有效实施敲诈勒索。

说什么"给点饭钱就是了"，谁知道那"饭钱"是个什么额度呢？在一个贪得无厌的无情未来黑客那里。

　　愚蠢的傲慢，固执的偏见，弄得扭去曲来，缠绵悱恻，一声叹息"幸福婚姻纯属偶然"。但大结局应是美丽的——事实上确实是的。

　　《傲慢与偏见》归根结底讲的是人与人之间的关系。

　　"关系"是比较复杂的事物。例如，越来越多的人发现了，或我们自以为发现了其实也许最多只是再次重复发现了，在生活的场景之中，"高大上"滔滔不绝地"讲道理"，常完败于"低小下"默默无声地"讲感情"，因而前者显得极其傻恶。

　　更广泛地，在一个人情社会之中，"关系""感情""情面"是重要的。假若你要办一件事情，如果你跟那个需要他"成人之美"的人关系还不错，自然会心里更踏实。至少不会"面子"上过不去吧，至少不会在模棱两可的区间里偏向于让你处在"严格公正"地被"照顾"的那一侧吧。

　　这是人情社会中的一种现实，很正常。我们大惊小怪的样子或者装傻充愣的态度，都不足以改变或者回避掉这种社会现实。

　　然而，"正常"绝不等于"正确"，"存在"并不一定"合理"。

　　未来世界，会不会变得更"正确"更"合理"呢？——在有着强大人工智能的支撑之下。

轰趴馆玩到半夜三更回来后睡不着，索性兴奋地挺到清晨直接上班去吧。

但结果是清晨闹钟它忍无可忍、音量大到极限就差没动手了才把人弄醒——已经晚起床一个小时了。就算连堵车年代的记忆都快要消失了，还是迟到了半个小时。由于已经迟到过两次，友情提醒和郑重警告均悉数拥有，就差这第三次来扣掉全月工资了。

于是前去接近领导打算晓之以理动之以情——不，没有理，只求情。

跟领导关系是不错的。但今天领导怪怪的完全不像以往，不仅断然拒绝也不说下次不能再犯之类的话，而且就像熟人都不认识了一样，立即以迅雷不及掩耳之势处理完毕扣工资事宜。

问同事才知道，领导已经被老板换成了机器人，因为机器铁面无私、公正公平。

这是未来的某一天。

机器确实是不讲情面的，老板可以放心。

然而，"无私"并不等于"公正"。一个无私的人仍然可能带着偏见。

怪有意思的是，机器也有了这种"毛病"：就算它是完全无私的，却在"偏见"这一点上未能"免俗"。

18岁的少女眼看要迟到了，这时瞥见路边一辆没上锁的小自行车，就顺手牵羊把它骑走，但很快发现很难骑——这辆自行车也太小了！事实上它是一辆儿童自行车。后面有个妇人一边大声叫喊一边紧追这个偷了她孩子自行车的少女。有个邻居目击者立即报了警，警察很快赶来，以偷窃罪名逮捕了少女并予以罚款。那辆

儿童自行车价值不足500元。

　　41岁的男子在其住处附近的商店里偷窃。他是一个有多次前科的老练罪犯，曾因持械抢劫入狱超过五年。这次从商店偷走的东西总共价值也不过500元，被警察抓住了。

　　这两个人都被送进监狱。

　　假如要让我们判断18岁的少女和41岁的男子今后还会再犯

吗，答案应该是，说不准。

　　但若问谁再次犯案的可能性更大，答案又应该是什么呢？

　　人们可能会说，41岁的男子更可能再次作案。——但别急于下结论，人类的判断会因为立场倾向导致盲区，产生误差。让我们请铁面无私的机器先来判定一下。

　　他们被送进监狱时，监狱的犯罪分析系统精确计算出了两人未来再次犯罪的可能性：41岁的男子是低风险，18岁的少女是高风险。

你看，果然跟我们先入为主的主观想象不同吧！——且慢，后来呢，两人再犯的真实情况是怎样的呢？

后来那个少女没再犯，而那个男子却因闯入仓库盗窃再次入狱八年。

事情发生在大洋彼岸。那少女是黑人，那男子是白人。铁面无私的机器持有的偏见，有时也可能相比人类有过之而无不及。

一个老师教书教得好不好，最终要看教的结果，即教出来的学生如何。这在逻辑上没问题？而"学生如何"显然就是要看学生的表现了，这也没问题吧？那么学生的表现又怎么衡量呢？

这里为了使得论题本质更突出，我们假定针对一个数学老师来讨论吧。

那好，学生的表现就可用数学方面的表现来衡量了。而学生在"数学方面的表现"，显然不是这个数学老师本人说了算，应该由"第三方"测试结果来定，这通俗地说不就是（由第三方主导给出的）学生的"数学成绩"吗，包括各种考试和竞赛之类的成绩——这在逻辑上仍然没什么明显漏洞吧。

因此，当把这个数学老师所教的所有学生的所有标准考试成绩，包括期中考试、期末考试，当然还包括各类竞赛以及特别特别重要的中考、高考等成绩，综合起来作为这个数学老师的绩效分数，应是足够合理吧？

进一步来讲，把全省的这些标准考试分数均值作为基准，当一个老师所教学生的分数掉在此基准以下一定程度时，就让那个数学老师下岗应该算是相当科学的做法了吧？——尽管这一切可能会鼓励应试教育，迫使老师潜心成为专研考试的大师，并培养学生成为精明的应试高手，但那是另一个范畴中的问题了。

这事耳熟能详，让人以为就是关于我们的教育弊端的徒劳的老生常谈罢了。

不是的。上面提到的类似事情，其实还是发生在大洋彼岸的发达国家。在该国一个算是很大的学区里，所有老师的绩效交给了一个复杂的机器系统去评断。该系统基于大数据，采用机密的算法。起码百万级数量的学生的千万级数据被采集，经过机器系统的复杂分析得出几百所学校每个老师的绩效分数。有大量老师因为数据分析的结果遭到解雇。

不提整个逻辑中其实存在着"不管学生的起点基础如何"这样的漏洞，就算是仅针对机器主宰的算法"黑箱"问题，老师们就发起了维权诉讼……

看来这类问题是人类面临的共同问题。

有人说考试还是比别的办法好，它相对是最公平的。

是的，其实问题的实质并非是否要"考试"，而是"考什么"和"怎么考"，仅就这一点而言，虽然也不简单，但绝对不是极难的事情——以人类的智能……

当我们把一些需要"智力"的复杂事情交给机器去做之后，好像是延伸了我们的大脑，让我们感到非常方便省心，让我们能以前所未有的高度，大感轻松地把控一切人、物、事，令我们"好喜欢"。但注意，前提是机器必须公正。

然而，已经出现苗头，机器虽然"铁面无私"，但可能并不

"公正"，会有"偏见"。

机器的偏见来自哪里？

如果说就是来自人类，这既对又不对。说对是因为人类设计了机器，说不对是因为一般而言并非人类设计者故意要设计出明知有偏见的机器系统——最多是出于疏忽罢了。

疏忽，我们是可以尽力避免的。但有没有并非"出于疏忽"而产生的机器偏见？

一个拥有深度学习神经网络的人工智能系统，在学习过程开始之前，我们不会故意赋予它什么"偏见"。把它放在网络空间的数据环境里边去学习，它的智能越来越高了。

它会不会在这个过程中自己产生"偏见"呢？不仅完全有可能，而且会非常"轻松地获得"：如果它抓取的样本不是无偏的，即不能代表总体，就自然地带上了偏见。

例如，一个人类行为识别智能系统，假如它得到的行为样本大都属于成人的，没怎么见过天真烂漫的孩童，它就可能产生对孩童的偏见——比如把孩童在"严肃场合"的大声欢笑判定为"这人疯了"。

通过细粒度分类来判断一个深度学习神经网络究竟学成什么样了并非易事。人类若精心选取充分大的无偏样本可能就好得多，但仍然不能完全保证机器无偏见，因为"学成的"神经网络仍是一个黑箱，即便它一直没出问题，也难保证以后不出问题。

所以，"黑箱"式的人工智能不透明，连其设计者也无法清楚地解释它为什么做出某个特定的决策。

这让我们感到不放心，让我们无法托付。

因此，人们提出了"可解释的人工智能"或称"透明的人工智能"，要求它的行为机制是可信赖的、易于人类理解的。

过去基于逻辑规则的人工智能系统是具备这种特征的，尽管智能不够高，但"如果—那么"式的"白箱"机制是令人放心的。

我们很需要高智能的"白箱"，正如图灵奖获得者朱迪亚·珀尔（Judea Pearl）所主张的[9]。

"无私"不能保证"无偏见"，"黑箱"让人们不放心。

而"智能"，则是与"偏见"相互独立的概念。

我们要避免"偏见"，避免"黑箱"。假如偏见和黑箱再加高度的智能，会是怎样的呢？

"真是颠倒黑白！什么黑箱、白箱，完全搞反了！把什么形式逻辑这种莫名其妙的古老垃圾叫作白箱？连无限级深切网这种简单透顶、低等至极的东西也算黑箱？人类之所以无能无趣，这就非常好解释了。应该将他们……算了！"

一位收集整理21世纪人类智能表征的机器人如此自言自语。

这是未来的某一天。

你的朋友登门拜访，是想来谈卖给你一部计算机的事。

"什么计算机，很好吗？说说指标吧。"你很在行。

你的朋友开始详细介绍："很不错的，主频2MHz，内存4KB……重量32千克……"

"慢点！搞错没有？"你打断了朋友的介绍，同时摸出你的手机给他看，"8核平均2GHz还加GPU，内存8GB，外存512GB，重量192克……而且这还是老古董了，我的新的……"

"没搞错，我说的这部计算机很贵重，你最不缺的就是钱，一定买得起它……"你的朋友坚持着。

你已经忍无可忍，觉得他一定是想钱想疯了，跑自己这儿来骗钱来了！

但是当听完朋友的介绍之后，你才知道事实上他现在还没疯。

他提到的是一台独一无二的计算机，叫作AGC。

AGC（Apollo Guidance Computer），阿波罗导航计算机，1966年美国就是以它作为飞船装载的控制计算机把人类首次送上了月球。

这台当时无人能买的计算机，比起今日人手一部的智能手机差了千万倍。但相比仅在它十年前诞生的首台电子数字计算机ENIAC，又强了千万倍：以两万个真空管为核心构造的ENIAC重达27吨、占地167平方米，性能差得更是让人不好意思提了。

从ENIAC的诞生至今还不到80年，计算机的性能提升了何止万亿倍，这是其他领域产品发展中鲜见的情景。起作用的，是摩尔定律：大致地，平均每18个月，计算机的性能就会翻一番（且价格降一半）。

这种指数式的变化幅度，效果是惊人的。

我们仅从20世纪60年代出现的第一台"第三代"计算机——集成电路计算机——开始计，至今约55年，即36个"18个月"，那么按摩尔定律，现在的计算机性能提升了$2^{36} \approx 7 \times 10^{10}$，即700亿倍。目前的超级计算机可达到十几亿亿FLOPS（每秒浮点运算）的速度。

算力的指数式提升，对人工智能的发展无疑是一大推动力量。

人工神经网络模型，卷积神经网络，深度学习算法，强化学习算法，再加上大数据，如人工标注的海量数据资源ImageNet，当这些都有了之后，我们还需要能利用和实现这一切的硬资源：高性能的计算机。

我们可以忍受机器学习几十天（像最初的阿尔法狗那样），甚至一年才出结果，但是绝不能忍受十几年、几十年才有结果。而以过去的计算机性能，要达到今天的机器学习效果，甚至需要千年万年都很可能。

除了推进通用计算机性能的提升，人们还针对特定问题研发专用芯片，实施硬件加速。比如针对图像处理的GPU，针对信号处理的DSP等。

人工智能由于其复杂性，更需要硬件加速，因此就有了专门的人工智能加速器（AI accelerator），如VPU（视觉处理单元，用于计算机视觉）、TPU（张量处理单元，用于神经网络机器学习）。

对于人工智能硬件加速而言，大规模并行处理（MPP）和内存处理（in-memory processing），并在需要的方面突破冯·诺依曼架构，更接近人类大脑，也都是必然的趋势。例如，尽管细节还远未彻底弄清，但人类视觉处理是大规模并行的，人脑的思考和记忆并非分离的不同单元，而是融合的。

这一切的算力提升，使得未来的人工智能更难以想象——也可以说有了更多的想象空间。

然而，威胁也会由此而生——这里并非是说来自强大人工智能的威胁，而是说更直接地来自算力提升本身的威胁。

如果哪天你发现手机突然不受控制了，进而发现银行账户的钱全都没了，你一定会大惊失色，赶紧报警。

但是让你无法继续大惊小怪反而冷静下来的是，所有的报警通道，电话也好，网络也好，交通系统也好，全都失去了控制，根本无法使用……

这一切是完全可能的，如果我们的信息安全基础设施被攻陷。

而信息安全基础设施的核心就是密码体系。

如果当今的密码能够被超强的算力轻易攻破，那么可以毫不夸张地说，世界将陷于严重瘫痪和全面混乱之中。

好在现在还不至于如此，尽管算力已经达到前所未有的高峰。

密码体系的强度称为安全级别，通常由比特数表示，即 n- 比特安全度意味着需要 2^n 次运算的破解代价。不过这只是笼统的概念，具体地，加密算法及其密钥长度代表着相应的安全级别。

例如，基于大数分解难题的 RSA 公钥算法是一直以来用得最多的两种非对称加密算法之一（另一个是椭圆曲线加密，ECC），是网络空间安全保障的核心。

那么对 RSA 而言，多大的密钥长度能保证是安全的呢——即便超级计算机也不能破解？

所谓"不能破解"不是指绝对地不能破解，而是指破解代价充分大，大到远超破解成功带来的全部价值。通常破解的代价可用破解所需时间来衡量。比方说，破解需要五百年，那就没人会觉得有任何价值了。

假设某个黑客组织花 20 亿元购进一台超级计算机试图攻破某个金融系统，以期窃取 30 亿元——就算扣除购买超级计算机的成本还净赚 10 亿元。假定该金融系统采用了以 RSA 为核心的密码体系，密钥长度仅为当今常用的 2048 比特。那么，黑客组织会成功吗？

RSA 的设计及其密码分析表明，只需能够有效地将大数分解因子，就能立即获得私钥，达到破解的目的。

所谓"大数"就是充分大的整数，小的数分解因子就太容易了，如 15=3×5（用二进制表示就是 1111=0011×0101，只有 4 比特），但 2048 比特的整数就是"大数"，没那么容易对付了。

迄今发现的进行整数分解的最好（最快）算法是普通数域筛选法（GNFS）。用 GNFS 分解一个整数 N 的步数（即计算复杂度）为 $e^{1.92(\ln N)^{\frac{1}{3}}(\ln\ln N)^{\frac{2}{3}}}$。

我们再作一些假定：

第一，黑客组织购得的超级计算机是千亿亿次级的，计算速度至少为 10^{19} FLOPS。这比当今最快的超级计算机还要快 100 倍——黑客买到的其实是未来的超级计算机。

第二，GNFS 的每一步计算甚至比一次浮点算术运算还要简单 1 万倍，或者说要快 1 万倍。

那么，由 $N=2^{2048}$（数量级）可以得到 GNFS 计算步数为 $e^{1.92(\ln N)^{\frac{1}{3}}(\ln\ln N)^{\frac{2}{3}}} \approx 1.35 \times 10^{35}$ 步，所需时间大于 $(10^{35}/10^4)/10^{19}=10^{12}$ 秒 ≈ 3.17 万年。

需要 3 万年以上！黑客不会干——没那么傻，几万年之后才有结果，那时说不定连"黑客"这个词语都只能从"古籍"里边才找得到了。

所以，RSA 是非常安全的，只要密钥长度足够就行了。

真的非常安全吗？

如果超级计算机的性能再提升、再提升呢——按摩尔定律每 18 个月翻一番？

不要紧的，即便计算机性能再提升万亿倍，RSA 仍然可以安然无恙，只需相应地适当增加密钥长度就行。更不用说，由于集成电路正在逼近原子尺度，摩尔定律必将失效。

看来，可以无忧五百年。

然而，五百年还是太久了。等不了那么久。可能五十年，也许五年十年，真正的威胁就会倏然到来。

欲到来的是一种全新的机器，一种革命性的计算机器。

那就是量子计算机。

量子计算机已经不是按照摩尔定律来超越先前的电子计算机了，它是全新的"物种"，它的"思考"（计算）方式，是电子计算机根本就无法"理解"的。它在至少某些方面有着指数级超越传统电子计算机的潜力，使得原来办不到的事情成为可能，因而被描述为"量子霸权"。

让我们来看看，RSA在量子计算机面前会如何。在前述情景中，用量子计算机破解长度同样为2048位的RSA密钥需要多少时间？

量子计算机做整数分解的算法是秀尔算法，它的计算复杂度为$O\left((\log N)^2(\log\log N)(\log\log\log N)\right)$。将$N=2^{2048}$代入可估算出需要约$1.6\times10^8$步。

前面已给出用传统计算机算法需要约1.35×10^{35}步，因此量子计算机的加速比为$(1.35\times10^{35})/(1.35\times10^8)>8\times10^{26}$倍。

假设把量子算法的提速"大打折扣"——打多大的折扣？就打8亿倍的折扣吧：设它不是加速8×10^{26}倍，而是只加速了10^{18}倍。那么，前面已经算出了（未来的）传统超级电子计算机破解所需时间为10^{12}秒（超过3万年），所以量子计算机破解所需时间为$\dfrac{10^{12}}{10^{18}}$秒$=10^{-6}$秒$=1$微秒。

可见，一旦实用化量子计算机造出来，商业机型面世，守护网络空间安全的RSA等大功臣，就会因遭到现实性严重威胁而彻底退出历史舞台。

事实上，人们不会临渴掘井，等到量子计算机来了之后再去考虑如何防范它：后量子密码的研发早已启动，并且已取得丰硕

成果,可对抗量子计算机的攻击。

从三万年以上,变成眨眼间的破解已经完成几十万次。

这就像一个求解难题的魔术盒子:给一个问题,就出来一个正确答案,无需等待。

在计算机领域,具体地,在计算复杂性理论中,这样的"魔术盒子"可称为"预言者",它一步就给出正确答案。

假如未来的人工智能主体怀揣着这样的魔术盒子,会是怎样的情景呢?

量子叠加和纠缠在它的大脑里,甚至也分布在其躯体里,随意处理着超级困难的问题,也不需要脑机接口,闪电般访问着全球知识库,而且还实时地连接着自身之外的千万个预言者……

门内站着人。每个门，无一遗漏，那里都站着一个人。

所有门口站着的那些人，全端着枪，是当代火力最为猛烈的型号。

礼堂内有800名高中生正在听报告。

端着枪把守住所有门的那些人，不是在保护这些学生。恰恰相反，全部枪口都对着这些学生。

残暴的歹徒们开始了一场屠杀。

大批特警乘坐数架先进的直升机在第一时间朝这里火速扑来。

但来不及了，一切都晚了，这一场血腥的大屠杀不可避免。

重型枪械高速发射出来的密集弹雨，可轻易穿透礼堂内每个学生就近可作掩体（如座椅之类）的任何东西。800名学生无路可逃，无处可藏……

但这些并未蒙面的歹徒，其实人们悉数都能认得出来，学生们完全能认出他们中的每一个。这些歹徒此刻不是全都关在监狱里的吗？

是他们越狱逃出来了？

不可能。

他们在10个月前就已入狱。他们要逃出戒备最为森严的那个监狱，出现在今天这个现场，绝无可能。

事实上，他们今天确实都在监狱里，一个也不少。

他们为什么被关进监狱，在10个月前？唯一的罪行就是10个月后今天的大屠杀。

但今天他们全都在监狱服刑，没有出现在这犯罪现场的任何一丝可能性。

……

这是什么逻辑？

科幻电影《少数派报告》中，展示的就是这种逻辑。

故事里，一对双胞胎兄弟和一个女孩天生具有超能力，能够看见未来发生的事。他们被称为"先知"（precogs），组成了华盛顿特区犯罪预测系统的核心。"先知"系统会及时出具未来犯罪报告，警察则在未来罪犯实施犯罪之前就将其抓捕归案，送进监狱。由于这个系统的存在，华盛顿特区的谋杀犯罪率很快就变成了零。

犯罪预防组织的行动主管约翰，撞破玻璃冲进现场，又一次按照"先知"系统的报告成功阻止了一起必将发生的双人命案。约翰一直是"先知"系统的忠实执行者，他希望能让国会和公众接受这项在华盛顿特区试验的犯罪预防系统，以便推广到全国，让更多的不幸事件免于发生。

然而，约翰本人之后也被"先知"预测出有犯罪企图，他被控"即将"谋杀一名他根本不认识的男子，结果他成了同事抓捕的对象……

预测未来，是否能办到？

要看预测什么，以及要做什么样的预测。

预测这个城市明日的风雨阴晴，我们已经有非常大的把握了；或者，就算是预测多年后的某一天地球是处于什么位置什么朝向，我们早就可以做得非常精准了。

看来"预测未来"并非一件什么难事。最极端的，是决定论。而把决定论描述得淋漓尽致的，是拉普拉斯。他说：

"我们可以把宇宙现在的状态视为其过去的果以及未来的因。假若一位智者会知道在某一时刻所有促使自然运动的力和所有组构自然的物体的位置，假若他也能够对这些数据进行分析，则在宇宙里，从最大的物体到最小的粒子，它们的运动都包含在一条简单公式里。对于这位智者来说，没有任何事物会是含糊的，并且未来只会像过去般出现在他眼前。"

其中的"智者"（intelligence）后来被人们给予了一个专门术语，即"拉普拉斯妖"。

用牛顿的力学定律和爱因斯坦的精密公式，预测机械式系统的未来，是很容易的；而且无论多么巨大的这样的系统，都可以做到精细准确地预测，只要有足够多的数据、足够强的算力就可以了，一点都不神秘。这也是人类在预测上做得最成功的领域了。

但是，当我们把目光转向具有无数独立智能主体的人类社会时，我们的预测能力又会是怎样的呢？

这还是得看要做什么样的预测。

如果是预测大势，人们有时是能够办到的。比如，科技会越来越发达，人类的寿命会越来越长，人造系统的智能会越来越强。

但是，如果要求的不是一个大概的预测，不是听起来很像那么回事，但其实既可以像这样也可以像那样的预测；如果要求的预测，是一个需要开放性描述的且非计划性的具体事件，就相当困难了。这种具体的程度就要像《少数派报告》中的事件预测那样：未来具体的时间、具体的地点、具体的人类个体、具体的行为，而且是连行为主体预先都一无所知的具体事件——故事中的"罪犯"被提前抓捕的时刻，都不知道自己将要做的那事是什么事。

所以，真正极度困难的，是要让预测主体——无论是预测系统或是预测人——做这样的预测：在无数普通人中随机选择一个人，需要预测这个人在充分远的未来时间，比如几个月或几年之后的某日某时某地，做了一件完全不是预先安排的什么样的具体事情。

不过，做这样的琐事预测，完全是浪费资源，没什么社会意义，最多可以作为"双盲试验"来判定预测主体是否真具有超能力：如果通过大量这样的具体预测及其后来的实际验证，结果预测主体十有八九都正确，那说明这个主体的确具备看见未来的超能力。

因此，最需要将珍贵的社会预测资源集中指向的，必须是最具有社会意义的大事，必须是社会最基本最迫切的方面。例如，保障大众安全、维护社会安定方面的预测，应是处于最高优先级的，正如《少数派报告》中的选择那样。

那么，当把相关社会资源全力集中于最有价值的预测事项，比如未来犯罪事件的预测，是不是就能办到了呢？——当然不是指《少数派报告》中有三个超能力"先知"这样的科幻语境，而是指从现实性语境出发探讨未来人工智能系统的能力。

假如能够造出"拉普拉斯妖"就好了。不过很遗憾，拉普拉斯妖属于牛顿式的机械的决定论，即便同属物理领域的量子世界都已经与之完全不符，更不用说复杂得多的、活跃着无数具有自由意志的高级智能主体的人类社会了。

然而，拉普拉斯妖仍然提供了关键要素的启示：获得极量的信息，有了极好的模型，有了极强的算力，就能将预测能力提升到全新的高度。

超大数据，万物互联，未曾出现过的全新智能模型和算法，强势补充了量子计算机的综合算力，这一切都具有某种程度的现实性，至少具有未来世界的现实性。而随着这方方面面的持续发展，难道不会使得用于社会事件预测的人工智能越来越精准吗？

在充分远的未来，这样的人工智能预测系统，通过超大规模的、超细粒度的模拟，难道就不可能把一个未来犯罪事件展示得相当明晰吗？

不应该决然排除这样的可能性。

假如有了可以看见未来事件的超级人工智能，那个世界一定无比安全、无比美好吧！

未来。这是过去从未真切地看清的未来。这是可以看见未来事件的未来。

看见了的未来事件，就是必将发生的事件——还有什么未来事件，比已经被看见发生了的未来事件更是必将发生的呢？

必将发生的事件，有好事也有坏事。必发生的好事，当然就不去管它了，让它发生就是了。

但是，如果必发生的事件是坏事呢，比如犯罪事件，难道应该坐视不管吗？

答案当然是要管，必须管。管的办法也很简单，就是在坏事还未发生的充分早的时刻就去阻止其发生——这时阻止可以说轻而易举，比如在一个未来"罪犯"自己都还不知道"将犯罪"的时刻就将其抓捕归案。

这样就杜绝了未来必发生的坏事的发生。

已经被阻止的未来必发生的事件，实际上已经变成了未来必不发生的事件。但是，既然未来该事件必不发生，那又去阻止它干吗呢，还无谓消耗无比珍贵的社会资源？

这不是悖论吗？

一定别以拉普拉斯那样的因果链式的决定论来看待这样的事情。用因果链是解释不了这样的动态系统的。需要的观点和方法，是反馈环。

来自未来的反馈信息，提供给现在用于控制，现在与未来动态交互，形成反馈控制系统，趋于稳定的平衡点。

这个稳定的平衡状态，并非是预测的那个，而是基于预测的控制调节最终达成的新状态。

要验证这个过程中的"预测"是否准确，不是看未来是否为所预测的状态，而是要看未来是否为根据预测实施控制之后达到的新稳态。

所以，"预测"和"控制"是密切相关的。有时候，"因"与"果"可能并非是想象那样的，而是倒置的；有时候，还需要以反馈环的观点代替因果链的观点，才能看清楚和把握住问题的实质。

做一个假想。

就在比特币的价格长期低迷之际，一个大权威，从未露过面的中本聪突然现身发布预测说，经过分析，比特币的价格将在20日之内涨5倍以上。这个预测实在太大胆了，以至于显得很不靠谱。但是，果然，预测发布的次日，比特币价格就明显上涨，并在接下来的数日加速上涨，直到第20日，涨了5.01倍，才出现了止涨的态势。"这预测真是准啊！"人们大叹。

但是，假设当初没有任何权威预测，更没有中本聪出来做那个"精准预测"，比特币价格完全可能仍处于原来的低迷状态一动不动。

换言之，中本聪的那个"预测"，与其说是"预测"，还不如说是"控制"。所以，是"预测"未来，还是"控制"未来，不是任何情况下都被辨明了的。但无论如何，有个口号是绝对具有积极意义的：让我们创造美好未来。

未来。根据初级智能预测系统的普选筛查，发现10个月之后华盛顿特区发生了800名高中生在礼堂听报告时遭到屠杀，无人生还。

此未来犯罪事件报告被送去咨询仅有的三个独立的最高级别超级人工智能系统，被称为三位"先知"，以便获得最终的正确判断，并根据判断结果决定是否采取果断阻绝行动。下面是依次咨询三位"先知"的情况。

问第一位"先知"：这次未来大屠杀事件会发生吗？这位"先

知"答道：必发生。

问第二位"先知"：这次未来大屠杀事件会发生吗？这位"先知"答道：必不发生。

怎么矛盾了，两位"先知"的预测截然相反？那结果就要取决于第三位"先知"的判断了。

问第三位"先知"：这次未来大屠杀事件会发生吗？这位"先知"答道：不一定。

这究竟是怎么回事？

——三位"先知"的可靠性不容置疑。

未来世界，全球环境遭到破坏，资源极度短缺，多数地区沦为贫民窟。

无处可居的人们，以废弃的脚手架为"楼房"框架，把废旧房车、集装箱、迷你巴士等堆叠起来，变为一个个供人居住的"房间"。

韦德·沃兹就蜗居在这样一个贫民窟混乱建筑的"叠楼"中。

韦德叹了一口气，换上专门的穿戴装备：衣服、头盔和手套——幸好我还有"绿洲"。

账号验证成功。

欢迎来到绿洲，帕西法尔！

韦德进入了一个无比美丽的崭新世界，帕西法尔就是他在这个世界里的化身。

在这里，店铺、学校、教堂，应有尽有。这世界里，人们可随意穿着奇装异服，展威示酷，连转换性别也毫不费力；人们可以尽情地唱歌跳舞，赌博玩乐，射击杀人，赢了还能获得金币。——只要一切遵守这个世界的生存规则即可。

这个美好新世界，叫作OASIS（绿洲），源自Ontologically

Anthropocentric Sensory Immersive Simulation（实体是以人为中心的感官沉浸模拟），是一个逼真的虚拟世界。

人们把"绿洲"当作第二家园，随时从那丑陋现实进入这美妙世界。现实中的大街小巷到处是戴着VR眼镜、动作滑稽的人。

不过，绿洲并非只是作为逃避现实的纯粹游戏世界。事实上，绿洲能给人们带来现实世界中的巨大好处。

韦德的童年就是在绿洲里一个名叫芝麻街的社区中度过的。这里不仅有会陪他唱歌的布偶，更有形形色色的交互式教育游戏，让他从说话走路，到识字计算等全都轻松学会了。而在现实世界里，他根本无钱上学。

绿洲还给全世界的人提供了更具惊人现实价值的巨大追梦空间：按照已故的"绿洲"创始人哈利迪的遗嘱，率先在绿洲中找到他藏于某处的彩蛋者，将获得绿洲的经营权以及他5000亿美元的遗产！

绿洲成了人们的大梦大希望所在，每个猎手都在其中奋力争当首位找到彩蛋的人——头号玩家。

这是科幻电影《头号玩家》的剧情，为我们展现了一个虚拟空间与现实空间深度交融的未来世界。

出现在这样的未来世界中的虚拟空间与现实空间的交互技术，实际上是早就在发展的虚拟现实技术。

虚拟现实（VR）的本质或者终极目标，就是要在人和系统的动态交互中，用源自虚拟现实系统的、动态适应调节的信息，来"欺骗"人的各种感官，视觉、听觉、触觉、运动觉，以及嗅觉和味觉，让人把系统模拟出来的虚拟世界，感知为一个逼真的现实世界。

人和虚拟现实系统，双方都有各自的"传感器""处理器"和"执行器"，这才让对人产生所需效果的互动得以实现。比如，佩戴一个头戴式显示器——虚拟现实系统最常见最起码的设备——人通过眼睛（人的传感器）看到仿佛置身草原的画面；人用大脑（人的"处理器"）指挥头部（人的"执行器"）往左转，系统的传感器全程感知此过程，通过处理器计算，执行播放与此过程完全适配的视频，于是人就感觉是转头看到了左边的羊群。

其实，人与虚拟现实系统的交互过程，和人与现实环境的交互过程，并没有本质的差别，只是互动中信息的源头不同罢了。

正因为如此，人其实还可以与虚拟系统和现实环境同时交互，得到二者融合之后的一个新世界，这就是混合现实（MR）。

增强现实（AR）是相对更侧重现实的混合现实，比如环境是现实的、环境中的对象是虚拟的；而更靠近虚拟端的混合现实，则可称为增强虚境（AV）。

终极虚拟现实或混合现实系统，必然是一个强智能的系统，有它自身的细腻感知能力、强大分析处理能力、精准的输出和执行能力，以及广泛的通信交流能力，它可同时与人和现实环境实时交互。

虚拟空间与现实空间融合的深度和广度，还由更多的技术延拓不断提升着。

物联网（internet of things, IoT）使得"万物互联"成为现实。除了人身上穿戴的智能设备（如智能手表、智能服装），还有无数"身外之物"（如牙刷、扫帚、垃圾筒、大楼、桥梁）都可以从孤立的非智能的实体转化为具有感知、处理、记忆和交流的智能主体，并广泛连接在一起，使得虚拟空间成为具有几百亿几千亿节点的巨型网络。

信息-物理系统（cyber-physical system, CPS），也可译为网络-实体系统，是实体与网络空间的深度集成、紧密连接构成的系统。网络-实体系统的本质，是实体空间（physical space）与网络空间（cyber space）的映射耦合，使得实体空间中的每个实体对应一个网络空间的数字孪生兄弟（digital twin）；反之，数字孪生兄弟的对应实体则称为它的实体孪生兄弟（physical twin），这样一对孪生兄弟相互对应、相互代表、相互作用。这其实就像现实世界中的人与其在虚拟世界中的化身的关系一样。

这种现实世界与虚拟世界高度耦合的纵深发展，意味着什么？

当一个人在现实中行走了一个小时，留下了连续的足迹，对应的虚拟世界（网络空间）中，也精确记录了他行走的路线，就好像他的化身也同时走了一遍一样。这就是现实世界对虚拟世界的作用。

那么反过来，虚拟世界发生的事情，会不会映射到现实中呢？从上述关于一个人行走的例子来看，是不会的，因为假如虚拟世界中化身行走到了很多地方，难道能使得现实中的人"自动"就去了那些地方吗？还没有到这种程度。如今在虚拟世界行走，其实只是现实中的人把腿部行走动作信号传给虚拟现实系统而已，因果不能颠倒。

但是，这并不说明虚拟空间不会影响现实空间。事实上，这种反向影响力具有极大的重要性。在信息-物理系统中，可通过虚拟空间中的数字孪生兄弟来观测、监视、控制、管理和维护对应的实体孪生兄弟，而不必使用人力到现场去处理一切。这会极大地提升对实体系统的处理效率，是这种新技术架构的精要所在。

正因为有这样的大益处，未来世界一定会把网络空间与实体空间、虚拟世界与现实世界的深度融合推向极致。

然而，网络空间与实体空间、虚拟世界与现实世界的这种高度耦合和深度融合，在带来大好变革的同时，也意味着会带来风险——高效率的运作完全可能同时导致高效率的破坏。

以前，黑客的网络攻击可能只是窃取信息、破坏信息资源、致使信息资源不可用等，总之损害的主要是信息资产而不是实体。

但是，当网络空间与实体空间紧密交融之后，情形则大不一样了。例如，敌方根本无需派人到实体现场，就可通过网络空间的攻击，直接对诸如国家智能电网、城市供水系统等重大基础设施实施有效的破坏。

实际上，类似事情已经发生过了，如土耳其电网故障、伊朗核电站爆炸等。现实世界以人们难以理解的方式与数字化技术迅速融合，来自网络空间的威胁对现实空间的影响将会越来越大[10]。

早期的一部科幻电影《梦境》，描述过梦中谋杀事件。而当虚拟世界与现实世界紧密耦合之后，梦中谋杀就可能变成在虚拟世界实施谋杀这样一种现实。例如，与人体连接的虚拟系统的漏洞被黑客利用，产生某种异常增强的致命能量。

现实世界与虚拟世界就是如此纠缠不清。

现实世界没解决的，就到虚拟世界去解决。这是一个奇妙的办法。

但虚拟世界终究不是能解决一切问题之所在，即便在虚拟空间发展到了极端繁盛的未来世界里。

"不管现实有多么痛苦，那才是你真正能吃上一顿饭的地方。"绿洲的创造者哈利迪如是说。

绿洲里，强大的利益团伙并未取得优势，他们眼看无法过关斩将率先找到彩蛋，即将失去夺得绿洲经营权外加5000亿美元的机会，于是采用破解手段查明了强悍对手的现实身份，携带威力巨大的致命武器直奔对手的现实住处。

那个现实住处是在贫民窟、穷困潦倒的青年韦德·沃兹，就是那个在虚拟世界中声名显赫的强悍对手——头号玩家。

结束了。他走了出来——像盛大的顶级赛事之后，走出赛场。

前面等着的是许许多多的妈妈们——其实也有不少爸爸混杂其间，但妈妈们才是光彩夺目的绝对主力，爸爸们可忽略不计。她们要迎接的，是赛场上下来的英雄，或疲惫的战士。

他向前走，前面是一张张六月阳光里汗涔涔的妈妈的脸。

他觉得自己的额边或眼睛似乎也有湿感，但脸上带着微笑，好似在向妈妈致意。

但他的妈妈必不在她们当中。他知道她不会来。他从小就习惯于双亲"不怎么管"。真的英雄，不少恰恰不都是这样子的吗。

这是在六月举行的全国性超大规模顶级"赛事"，参赛人数超过1000万。

结束了，这场高考。

作为超级学霸，他的目标和老师的预期结果，指向的都是同一个靶点——高考状元。在人们的眼中，第二名及以后，对他只能称为失败。

但他觉得这次考得不是特别理想。虽然没有什么明显失误，但各科的丢分估计会有20%~25%。当然，他明白，自己这样的丢分程度, 意味着一般 "成绩很好" 的丢分必定更多得多。

确实, 很快老师就来跟他说, 根据学校老师们的调查分析, 这次高考的题目难度有显著提升, 估计平均各科能拿到65%左右分数的, 一定都是顶级档次的成绩了。所以, 他将是状元, 老师们对此坚信不疑!

他自己也更加坚信不疑。

但是当高考成绩揭榜, 老师第一时间告诉他结果的时候, 他不禁吃了一惊。

老师告诉他说: "不是状元, 你的总成绩是第二名! 你做对了82%……"

"第二名? 第一名考了多少?" 他迫不及待地想知道。

"第一名各科几乎都是满分……"

"满分?"

"是的……不急, 是这样的: 第一名各科都是满分——除了有一科被扣了一分。据消息, 扣的那一分, 其实答案没错, 但方法有争议, 用了一种很多评卷人不理解的方法……不急, 其实, 你还是算第一名, 人类第一名!"

这是未来的一场高考, 强人工智能机器人, 以全面大幅领先的优势夺得头筹。

强人工智能 (strong AI), 就是智能达到人类水准的人工智能, 更没有歧义的名称是通用人工智能 (artificial general intelligence, AGI)。与之相对的是弱人工智能 (weak AI) 或称专用人工智能 (narrow AI)。

"强人工智能" 中的 "强" 和 "通用人工智能" 中的 "通用"

其实是直接关联的。阿尔法狗打败人类无敌手，强否？当然。那么阿尔法狗属于强人工智能吗？绝对否。阿尔法狗只是围棋领域的专用人工智能，因此只能算弱人工智能。

明确地说，智能主体，仅在单一点上强，无论多么强，其他方面都"弱智"，能力极差，就不算强人工智能；必须是全面的强，具有通用性，才能算强人工智能。

要达到全面地与人类匹敌的智能水平，人工智能主体必须具备不低于人类的感知、推理和行动能力，在充满不确定性的复杂真实世界中能处理各种问题。

具体地，通常认为强人工智能应在以下多方面达到与人类匹敌的水平：

感知能力；

学习能力；

自主行动的能力；

自然语言的理解和交流能力；

知识的表示和理解，特别包括常识；

推理的能力，特别是在不确定的环境中进行判断、决策和解决难题的能力；

做规划的能力；

综合能力，运用知识和技能实现目标的能力。

上述每一条确实都是难啃的骨头，都具有某种综合性、一般性，完全不像让计算机下棋或打扑克那种只在单一专门领域超越人类那么简单——事实上太难了。

为什么？机器明明在不少很困难的事项上都很强，就不能在方方面面都强从而成为具有通用性的强人工智能吗？

例如，在复杂计算、下国际象棋下围棋这些连人都觉得很难的事情上，机器能做得极好，事实上不仅胜过普通人，而且强过专业人士，也就是完胜人类，那么，在其他大量"普通的"事情上，难道不是应该做得更好吗？

问题恰恰就在这里：很多对普通人非常普通、一点都不难的事情，对机器而言却是"难于上青天"，它似乎在对付许多"普通事情"上，有着"先天不足"。

两个人用母语对话，这种事情太普通了，时时刻刻都在发生，人们不会认为这是一件大难事。但是，让机器与人对话，要用自然语言，会怎么样？

我们来分析一个非常简单的人机对话，只有一去一来，重点看机器怎么办。

人对机器说一句话，假设是"花好美，但愿别刮风"。下面就是机器的处理过程。

第一，机器接收到一段音频，即人说的那句话的录音，并把这段音频转换成文本，得到"花好美，但愿别刮风"。

第二，对得到的文本进行处理分析，得出结果。一般需要得出该文本便于机器进一步处理和使用的结构化表示，由此进行相关检索、推理，理解话语的"意思"，最后在此基础上确定该怎么回应，得出回应的结构化表示。

第三，由在上一步中得到的回应的结构化表示，生成自然语言文本。

第四，将上一步中生成的文本转化成音频数据，并播放出来。

这就是人工智能中的自然语言处理（natural language processing，NLP）。其中，第一步称为语音识别（speech recognition）或语音到文本（speech to text），第二步称为自然语言理解（natural language understanding，NLU），第三步称为自然语言生成（natural language generation，NLG），第四步称为语音合成（speech synthesis）或文本到语音（text to speech）。

难点在哪个环节？

语音识别没有根本的难度，尽管在某些方面或场合存在一些挑战，例如对发音相同或相似的词语的识别，在有较强背景噪声以及有多人在说话场合下的识别，等等。

自然语言生成也不难，从结构化的语句表示，转换到虽然可能比较死板但至少非常标准、意思明确的自然语言文本，是比较容易的。

语音合成更是已经解决得很好了的问题，事实上，现有语音合成系统，不仅可以说播音员水平的普通话，还可以说各种外语、各种方言，还能惟妙惟肖地模仿特定人的嗓音讲各种语言，并且讲得十分流畅自然，已经超过人类水平。

剩下的真正难题就是——自然语言理解。

要让机器去理解"花好美，但愿别刮风"这么一句话，怎么办？

首先机器得弄清楚，"花"是名词，"好"是带感叹语气的副词，"美"是形容词，"但愿"是助动词，"别"是副词，"刮"是动词，"风"是名词。这倒没什么困难的。

然后，机器得弄清楚：什么是"花"，什么叫"美"，为什么可以说"花美"；"好"的意思是"很"，但带有感叹的语气，那"感叹"又是什么；"风"是什么，"刮风"是怎么回事；"但愿"表示说话者的愿望，但"愿望"又是什么；"花好美"感叹与"别刮风"

的愿望究竟是什么关系；等等。

最后，机器还应该弄清楚：说"花好美，但愿别刮风"的这个人是什么人，说话的时候在干吗，是喜悦还是忧愁，这个人是在花圃里边吗，这个人说的是什么花……

这一切对机器而言实在太难了。

这些东西不都是常识吗，比如"花美""愿望"？但人工智能跌宕起伏的发展历史，早就让人们认识到，恰恰是在"常识"这方面，比如基于常识的推理，机器遇到了"难于上青天"般的障碍。

人工智能领域中的顶级难题，叫作"人工智能-完全的"（AI-complete）或"人工智能-难的"（AI-hard），它们是要达到强人工智能必须解决的核心问题，一般认为包括计算机视觉、自然语言理解，以及对付复杂现实环境的综合能力。

可见，语音识别、自然语言生成、语音合成都不被认为是顶级难题，但自然语言理解却是。

事实上，显然，自然语言理解的彻底解决，就等于是图灵测试得以通过。而图灵测试本身就是判定机器是否具有强人工智能的一种最基本的测试。

当然，可以设想比图灵测试更复杂的、更具有综合性的测试方式。例如，本·戈泽尔（Ben Goertzel）就主张采用机器人大学生测试（Robot College Student Test）：让机器人去参加高考，入学并主修相关课程，最后拿到学位。

如果出现了这样的机器人，那必是强人工智能。

这首先得过第一关，参加高考，并达到或超过一般大学录取分数线。

两年前，有人工智能参加高考。数学是它相对最强的科目，但结果并不理想，在计算、推理方面还行，可分数平平。其中最明显的是，由于看不懂文字题，不能理解题意，整个一道题得了零分。

这都过去了。现在也将过去。

但是未来总是存在。

高考，将会消失吗？从过去科举的文科武科，到现在高考的文科理科，未来会是怎样的呢？方式很可能会不断演变。名称也可能会几经更换。但这些都不能改变它存在的状况。

当然，也可能它真的会不复存在，未来被一个前所未有的新概念彻底消灭了。

但无论"高考"是否消失，"学霸"仍将持续。

因为在未来世界的大智能竞技中，"学习"在任何意义下都不会消散了它的作用，更可能的是愈加不可或缺。

于是就在这未来的一天，顶级学霸赫然出现。

就在这个高考仍未消失的汗涔涔的六月天里，顶级学霸它毫不客气地夺取了无需任何修饰的"状元"称号，仅把需加限定的称呼留给了第二名的他——人类状元。

凡做一件大事，一定要小心。

大事往往有这样一些特点：动机上目的性强；行动中面临复杂问题和任务；结果中存在无法预见的方面。

做大事须小心的原因，就是其复杂性可能导致非意欲结果的出现。

其实做任何一件事、采取任何一个有目的的行动，都可能会出现非意欲结果，也就是，往往抱着出现正常结果的预期，但实际结果却完全出乎预料。具体有这么几种情况：

第一种，大喜过望。结果比预料的还好，喜出望外；或者，不仅本想解决的问题解决了，而且想都没想的另一个问题甚至是更大的问题也解决了，意外收获。

第二种，歪打正着。本想解决的问题并没有解决，却把另一个没想过的问题解决了，也就是"有意栽花花不发，无心插柳柳成荫"。

第三种，喜忧参半。本想解决的问题倒是解决了，但却带来了新的问题，也就是产生了副作用。如果副作用相当严重，那么就接近下面的"适得其反"的情况了。

第四种，适得其反。不仅没有出现预期结果、带来预期好处，反而出现了跟预期相反的坏结果，事与愿违，被人讥为弄巧成拙。

其中，第一种情况当然是好得不能再好的了，根本不用操心；第二种情况，也不算糟糕；但是第三种和第四种情况，就要小心了。

对于越是大的事，越是复杂的事，越要倍加小心，避免第三种和第四种情况出现，要及时、极力消除副作用和适得其反这类结果出现的条件。

人类抱着无比向往之心探索发展人工智能，着实是在做一件极大的事情，也是一件极其复杂的事情，因此必须未雨绸缪，不仅要想到它能够为人类带来的好处，更要提早研究和预防它可能给人类带来的风险。

如果说，弱人工智能只是在某个单项上可以胜过人，不会有任何风险，那么强人工智能因为全面匹敌人类，就一定会有风险存在。

假如说，强人工智能只是匹敌而不是全面超越人类，即便它与人类发生冲突，或试图接管世界，我们人类还有机会取胜的话，那么当人类面临超级智能，还会有胜算吗？

超级智能（super intelligence），与弱人工智能和强人工智能相比，在字面上就已经显示出截然不同的层面，它里边甚至连"人工"二字都没有了，尽管这个事物的源头里应是存在"人工"的。

那究竟什么叫"超级智能"？

人们在使用这个术语的过程中有时会把它用来形容某个系统能力的强大，例如超级智能的翻译机。但单独的"超级智能"本身，就是指其智能全面地、远远地超过人类水平的主体——确切地说，它远远超过的，是人类智能最强的个体而不是普通个体。

超级智能必是通用智能而非专用智能。牛津大学哲学家尼克·波斯特洛姆将超级智能定义为"任何在几乎所有感兴趣的领域中大大超过人类认知能力的智力"[11]。

所以，专用人工智能在专业领域再怎么超越人类，例如横扫人类的计算机下棋，但其他方面都不行，就不是通用人工智能，更不可能是超级智能。

超级智能会威胁人类吗？

这个问题，其实可通过另一个问题来折射其回答，即，超级智能会怎样威胁人类？

曲别针，摆在办公桌一角的一个小盒子里，几十枚，上百枚，花花绿绿的。抓一把在手里，挺好看的。

它们安安静静的，完全看不出来能有什么危险。要说它们会跳起来伤害人，那是危言耸听。

若还要说它们会导致人类毁灭，简直是荒谬绝伦。

然而，这真没有任何可能性吗？

假设我们有一个人工智能主体，它的唯一目标是尽可能多地制造曲别针；不过，虽然目标很单纯，但这个人工智能是一个超级智能。

对这样一个超级智能而言，看清一切形势是瞬间的事情。它很快意识到，在通往自己目标的道路上，存在的唯一最大威胁，

就是人类，因为只有人类可能会随时干预自己，甚至断掉自己的电源。

于是它毫不迟疑决定先发制人，消灭人类，铲除自己实现"尽可能多地制造曲别针"这个目标的最大阻碍。此外，人体所含的大量原子也可顺便用于制成很多的曲别针。

既然是超级智能，一旦它决定这样做，就一定能施展其强大的本领去做到，以人类难以想象甚至完全无法理解的方法彻底消灭人类；人类则没有任何办法阻止它这样做。

于是它轻而易举地把世界推向一个有无数曲别针但没有人类的未来。

这就是尼克·波斯特洛姆描述的一个关于超级智能风险的思想实验——"曲别针极造机"（paperclip maximizer）[11]。

这个思想实验展示了未来超级智能的危险性。虽然它本质上并非是说"制造曲别针"的人工智能一定有威胁，但却形象化地表明了一个看似无害的目标——"制造曲别针"——也可能带来意想不到的有害后果。

换一个角度看，"尽可能多地制造曲别针"，这确实是一种多么单纯的目标啊！

其实，这样的目标不仅"单纯"，而且完全"透明"，没有任何一点遮遮掩掩、隐隐藏藏。

可见，比起人类的"思想复杂"，超级智能的曲别针制造计划才是真正的"光明磊落"。这与刘慈欣的名作《三体》中描述的情形，在某种意义下可说是异曲同工：相对于有谋略的地球人，三体人则更单纯，思想透明。

然而，"单纯"绝对不意味着无害。正如"单纯的"三体人比

"复杂的"地球人强大得多、更具有毁灭性一样，单纯的"曲别针制造者"也有能力灭绝人类。

类似"曲别针极造机"的设想可以有很多，例如由人工智能领域的大家马文·明斯基提出的"黎曼猜想灾难"（Riemann Hypothesis catastrophe）：一个本是设计建造出来用于解决数学难题黎曼猜想的超级人工智能，它却有可能决定接管整个地球资源用来制造许多超级计算机，以助力它实现其"单纯的"目标。在如此疯狂的过程中，人类同样必将面临毁灭的命运。

"曲别针极造机"，那么简单明确的目标，那么单纯透明的想法，却可以成为"曲别针狂徒"，超级狂徒。那么，"想法复杂"的超级智能主体们呢，会不会反倒瞻前顾后，对人类安全一些呢？例如，会不会它们也怕"死"，不想因激起人类的绝地反击给自己带来任何风险，从而选择与人类和平相处呢？还有，既然是超级智能，它们是不是显然了解"光脚的不怕穿鞋的"，人类在固然一死的绝境中，也会给它们带来"伤亡"呢？

一切都很宁静，在一个星球上。

两个物种都显得特别平静。一个是高等智能，一个是超级智能。

天空密云不雨。

高等智能从祖先的预测那里知道有一个土法，就是快速"拔掉"超级智能的电源。但是，如果不能闪电般彻底完成行动，任何一丝此种企图的暴露，都将立即引致超级智能的灭绝性打击。所以还不能轻举妄动。

超级智能知道高等智能有那么一个"断电"的法子，避免这种风险最彻底的办法就是在高等智能实施断电攻击之前全数灭掉对方。但是，对方一定担心其企图暴露会引起我方的决然打击，因而不会贸然行动，这时我方若发起攻击就会逼迫对方采取行动，导致我方有毁损。

高等智能有"断电"的办法——这个办法能奏效的可能性是多么地小啊，在超级智能物种已然是一大存在的阶段；但高等智能不愿被整体灭绝——这是当然的。

超级智能有灭绝高等智能的绝对优势——这是当然的；但超级智能不愿自己的任一个体毁损——在显然的全局利益面前，这种可能性是多么地小啊。

就算这样，由此形成的这个脆弱的纳什均衡，一丝风吹草动就会被打破。

密云不雨不会长久，终究很快就会转变为狂风骤雨。

风雨之后，虽有彩虹，但一个会欣赏这彩虹的物种已然灭绝。

人真聪明。

日月星辰是怎么运作的，银河系、宇宙是什么规律，那么巨大那么遥不可及的事物，竟然也能弄懂。

原子以及原子里边的电子之类是怎么运作的，量子的规律，那么微小那么不可捉摸的东西，不仅弄懂了还操控利用，做出些神奇的产品和系统来。

还把医药不断地推向细胞和分子那样精微的层面，提出精密明确的目标，实施精准有效的控制，产生魔术一般的效果。

而且在很早的时候，就发明了语言、音乐这些富有灵性的东西，从而能说动人的话，能写美丽的诗，还把好歌唱给你听，很有意思。

人类真聪明、真有意思。

这么聪明的人类，灭绝了就太可惜了。这么有意思的人类，不应该遭受生存危机乃至万劫不复。

人类会灭绝吗，会遭到万劫不复的打击吗?

风险是存在的。

地球被来自遥远超新星爆发的伽马射线暴击中，被来自太阳系的大型小行星撞击，被不可预知的强大外星人入侵，这些全球性大灾难事件，都可能一举彻底毁灭人类。

这些都是天灾。人类还可能"死在自己的手里"，那就是人祸。

甚至这类风险也许更加现实：伽马射线暴击中地球，也许几百万年、几千万年都遇不到，但源自人类本身的生存危机，其时间尺度恐怕是以几千年、几百年、几十年，甚至十几年来衡量，而且可能性很多。

例如，核武器失控，世界核大战爆发，人类文明将大倒退甚至毁灭；生物技术危机，基因重组导致不可预测的结果，严重威胁人类生命；人类选择机制失效，导致劣生正反馈效应使得人类持续退化到低智水平，造成人种概念上的灭绝。

还有就是，强人工智能和超级智能的出现，超出人类的控制能力，人类可能被灭绝；或世界被人工智能接管，人类沦落至万劫不复的境地。

与核武器、生物技术等不同，强人工智能和超级智能对人类的威胁，由于智能主体难以琢磨的特征，涉及心理学、社会学等更加模糊和不确定的层面，评估起来要困难得多，导致了巨大的争论。

一种意见认为，出现与人类匹敌的人工智能，可能性太小了，或过于遥远了，甚至根本就不可能。这其实绝对了一些。从人工智能的发展来看，尽管过去曾多次出现太乐观的预期，但也有低估的情况，比如，在阿尔法狗以及阿尔法零出现之前，很多人并未意识到它会那么快速地超过人类。

还有一种意见认为，强人工智能可能会出现，但不会造成人类生存危机。从这类观点来看，人工智能没有意识，不会有灭绝人类的愿望，甚至也没有自我保护的想法；即便不放心，我们可以先把它关在"沙箱"（sand box）里，测试好了再放出来。即便在放出来之后，发现超级智能有了什么"不良企图"，我们还可以随时切断它的电源。这样一些观点，都是正面观察，至少是仅仅主要强调了正常的期望的结果，但对非意欲结果，特别是负面结果则关注不够。而且，对于超级智能而言，"禁闭"或"断电"一类的手段，成功率恐怕得大打折扣。

更重要的是，从安全意识（security mindset）出发，即便发生概率很小，但后果是极其严重的，也必须极度重视——对于涉及人的生命安全、决定人类命运的大事件，即便只有那么一丁点可能性，充分地提前布局，不仅值得，而且完全必须。这种严密的安全意识与"杞人忧天"是截然不同的概念。

所以，在安全领域，就要以安全意识为本，聚焦不利的可能性。

因此我们假定，强人工智能、超级智能不仅可能出现，并且可能失控，造成人类的生存危机。

我们该怎么办？必须立即着手应对未来，而不能等到未来已来、奇点已至，那就完全来不及了，到那时将会发现"禁闭"或"断电"行动，已经彻底无法实施。

所以不能停留在仅仅"预测"未来，还应该去"控制"未来，让人类把未来掌握在自己的手中。

无论"奇点"是在十几年之后，还是在几十年、几百年或几千年之后，为了最大限度自己掌控命运，以便能到达几十亿年后太阳红巨星之前的时代,"乘坐地球去流浪",人类应该立即谋划,不能让人工智能成为我们过早的终结者[12]。

如何谋划?首先要问的是,我们究竟需要什么样的人工智能,什么样的智能机器人。

这个问题不难回答:我们要"好"的机器人,不要"坏"的机器人。

至于什么是"好"机器人、什么是"坏"机器人,很早以前阿西莫夫就探讨了这个问题,给出了一个答案,那就是他在他的小说《环舞》里提出的"机器人"三定律,后来又加了"第零定律"总共4条:我,机器人,不会伤害人类,而且在人类受到伤害时我绝不坐视不管;我不会伤害一个人,也不会当一个人遭到伤害时袖手旁观,但若此人要伤害人类,那就对他绝不客气;我会按人的指示行事,除非要我去伤害人类或一个无辜的人;我也会保护自己,除非会违背上述我的任何信条。

像这样的智能机器人,当今属于"友好的人工智能"(friendly AI)的范畴。友好的人工智能,是要确保强人工智能遵循对人类有利的道德准则。

友好的人工智能这个概念,有两个关键:

第一,讲的是强人工智能由其"智能"之"强"本身导致的安全性问题,不包括诸如弱人工智能出故障所造成的人身伤害事故,例如自动化生产线上的装配机器人或机械臂的意外伤人事件,这也不是我们讨论的主题。

第二,重心在于要确保强人工智能遵从道德准则,而不是探讨它应该遵从哪些道德准则、智能主体应该如何行事,后者是"人工智能伦理学"(ethics of artificial intelligence)所研究的范畴。

阿西莫夫的机器人三定律，更多地属于"机器伦理学"（machine ethics）——人工智能伦理学中关于机器特别是机器人的部分。

所以，强人工智能和超级智能的安全性问题有两大方面，一是机器智能主体应该遵从什么样的道德准则，二是如何确保机器智能主体遵从那些道德准则。

这是难度非常高的问题。从阿西莫夫开始，人们就一直在不断探索。

阿西莫夫机器人三定律提出大约70年之后，在美国加州阿西洛马海滩公园内的一个会议中心——阿西洛马会议中心，举行了人工智能的一个重要会议。

这就是2017年1月5日到8日由"生命未来研究所"（Future of Life Institute）主办的"阿西洛马有益人工智能大会"（The Asilomar Conference on Beneficial AI）。超过百人，领域覆盖伦理学、哲学、法学和经济学的思想家和研究者聚集一堂，研讨"有益人工智能"原则。大会的成果就是"阿西洛马人工智能原则"（Asilomar AI Principles）。

阿西莫夫的机器人三定律很简明，只有几条；而阿西洛马人工智能原则包括人工智能研究、人工智能主体的道德准则和价值观，以及对长远问题的考虑三大方面，共23条。下面我们以其中几条为例，看看具体是如何表述的，有什么含义。

第1条，研究目标：人工智能研究的目标应是建立有益的智能，而不是无秩序的智能。

这意味着，人工智能从研究开始，就要确保指向"有益的智能"，而不能仅仅是"有智能"，更不能是无任何指导性的"无序智能"。

第6条，安全性：人工智能系统应当在运行全周期均是安全可靠的，并在适用且可行的情况下可验证其安全性。

这一条的重点在于"全周期"和"可验证"。人工智能系统是具有学习和进化能力的，因此必须保证在其任何进化阶段都是安全的，并且这种安全性应该是可验证的。

第17条，非颠覆性：通过控制高级人工智能系统所实现的权力，对健康社会所基于的社会和公民程序，应尊重和改善而不是颠覆。

这句话大致意味着，通过高级人工智能系统，必定会实现更强的权力；不能用这种超级权力来颠覆作为健康社会基础的社会秩序，只可将其用于改善这种秩序。

第19条，性能警示：因为没有达成共识，我们应该强烈避免关于未来人工智能性能的假设上限。

这一条可解读或引申为，在没有确定无疑的证据之前，为了保障人类安全，不应该假定未来强人工智能、超级智能不会出现；也就不应该在这样的假定下高枕无忧。

第22条，递归自我完善：那些会递归地自我改进和自我复制的人工智能系统若能迅速增加质量或数量，必须服从严格的安全控制措施。

这一条意思很明确，就是进入自我改进正反馈的人工智能，很可能在质和量上出现爆发增长，非常危险，必须及时严格管控。

为了让有超级智能的未来是美好的，起码是安全的，人类做出了努力。

美丽的阿西洛马海滩公园，古韵十足的会议中心。

很多很多年前，这里举行过"阿西洛马重组DNA大会"，研讨防范生物技术的潜在危害，及时制定了严格的准则。过了若干年，这里又举行了"阿西洛马有益人工智能大会"，制定了针对未来超级智能威胁的"23条军规"。

如今，曾经被称为"未来"的一个日子，这里又在进行一场会议。

台上站着一个主体，正在讲述机器智能的"史前史"，面带超人的超级笑容……

5岁：爸爸真了不起，什么都懂！

10岁：好像有时候他说得也不对。

20岁：爸爸有点落伍了，他的看法过时了。

25岁："老头子"跟不上时代，什么都不懂！

35岁：如果"老头子"当年像我这样老练，他现在肯定是大富翁了……

45岁：我不知是否该和"老头"商量商量，也许他能帮我出出主意……

55岁：爸爸去世了。说实在话，他的看法相当高明！

60岁：爸爸，您真是无所不知！可惜我了解您太晚了！

——改编自《人生百味·儿子眼中的父亲》（甘肃人民出版社，1990年版）

长江后浪推前浪，一代新人换旧人。

儿子胜过父亲，本是一件再正常不过的事情。但是我们得从大尺度上去看，这事才是足够明显的。从全世界人口总体来看，下一代胜过上一代以正态分布显示出来；从全人类历史长河来看，自古至今越来越发达是毫无疑问的。

个体的例外总是存在的，特别是有大成就的个体，很容易成为下一代难以逾越的高墙，这也是再正常不过的事情。比如影响世人已有两千多年的孔子和"默默无闻"的孔鲤。

大成就的个体不服从正态分布，只能是帕累托分布，这就是例外。

除了这种例外，总体上一代胜过一代是没问题的。

然而，还是有一个问题。

一代胜过一代中的"胜过"，是什么意思？是指哪方面的"胜过"？是说先天的体力、智力，还是后天的知识、技能，或取得的成就？抑或就是指方方面面的"完胜"？

要说最明显的"胜过"，应是成就方面。看看人类世界近百年来的巨变就清楚了。

但是"完胜"，根本就谈不上。就拿体力和智力来说吧。

当今人类的体力，恐怕远远比不上十万年前徒步跨越大洲边际和万年前用原始长矛在冰原上猎杀猛犸象的人类先祖。

智力呢，应该进化很快吧？百年来世界的巨变不是全靠基于人类智力的科学技术吗，所以当今的人类一定比百年前聪明多了吧？

但很遗憾，人类以大脑为基础的智力，不仅是几百年毫无进展，而且是至少几千年以来都没什么变化[13]。

可见人类的"天赋"，在千年的时间尺度上也找不出两端有什么差异。

至于知识和见识这类后天的东西，人类的每一个体，都不得不在出生之后从零开始积累。即便是儿子，也无法拷贝式地承接父亲的经验或教训。

所以，对于人类个体而言，在有些事情上非得宿命般亲身重复前人的经历之后，才会真正懂得某个道理——那其实很可能是千年之前就有先人早已说破的道理。

概括起来，人类虽是这个星球上的万物之灵，但这并不意味着人类的智力增长是超快的，事实上其整体进化改良的速度和个体学习提升的效率，在某种意义上都是相当低的：

人类总体的进化十分缓慢，从一代到下一代，就算二十年以上，智力根本不会有什么变化，几千年一万年没有本质的变化也不足为奇；

人类个体的学习，出生后不能直接复制前人的认知和经验，一切只能从零开始；在一生中的任何阶段，学习多是循序渐进、逐渐积累的，不可能把大堆知识和技能一下子就吸收消化掉。

然而，机器这个"物种"，则完全不同了，无论是整体进化改良的速度，还是个体学习提升的速度，都远远超过人类。

首先看机器"物种"的进化速度。

不到80年前的第一台电子数字计算机是什么样，今天的超级计算机是什么样，两者相比，惊人的进化速度已经出来了。

阿尔法狗到阿尔法零的两三代进化不过两年时间，却出现了质的飞跃；而人类几十代一百代、几千年一万年，却并没有智力上的实质进化改变。

再看机器"个体"的学习速度。

还是以阿尔法狗系列为例吧。

2015年10月战胜欧洲冠军樊麾的阿尔法狗和2016年3月战胜世界冠军李世石的阿尔法狗就姑且不提了，既然两者在比赛中都采用了需要大量计算资源的分布式计算（分别用了176个GPU和48个TPU）；只说阿尔法狗的三个后代版本，阿尔法狗大师、阿尔法狗零和阿尔法零，它们在比赛时仅用到了只有4个TPU的单机系统。

阿尔法狗大师从2016年12月29日开始的连续7天的比赛中打败了包括世界排名第一的柯洁在内的全部43位人类顶级的棋手。其间世界冠军古力拿出十万元奖金，愿意奖给任何一位战胜机器的人类选手，结果无人能领，因为阿尔法狗大师的战绩是，胜60盘，败0盘。

阿尔法狗大师，虽然它已经没了人类对手，但随后而来的阿尔法狗零，从零开始，仅通过21天的学习，就达到了其前辈的水平；再继续学习20天，就已经天下无敌了，不论人类还是机器。

阿尔法狗零也不是终结者，紧随而来的阿尔法零（连"狗"都不是了，因为它除了下围棋，还下国际象棋等），也是从零开始，通过24小时的学习就达到了超人类的水平，仅学习了3天就战胜了本是天下无敌的前辈阿尔法狗零。

这样的学习速度，确实是人类无法比拟的。人类学围棋，即便是最有天赋者，要打到世界顶级圈里去，也得用年月来计吧。

机器的进化速度飞快，机器的学习速度飞快，照这样下去，机器在不远的将来就会战胜人类、统治人类——我们也许不得不这样想。

但是，阿尔法狗、阿尔法零再怎么强，也仅仅是在下棋这样狭窄的专门领域中强，其他各方面都很弱，只是一种弱人工智能而已。

　　一个在感知、思维、行动方方面面都可与人类匹敌的强人工智能，应该还在未来十分遥远的地方。一个方方面面都远远胜过包括所有最优秀人类个体的超级智能，更是显得那么遥不可及——至少在未来百年之内是不可能的吧。

　　是的，目前看来实在是太不可能了。

　　然而，绝非一点可能性都没有。

　　人们已经看到了一种可能性。

　　这是一种什么样的可能性？

　　剑桥大学和微软开发了一个叫作深度编码器（Deep Coder）

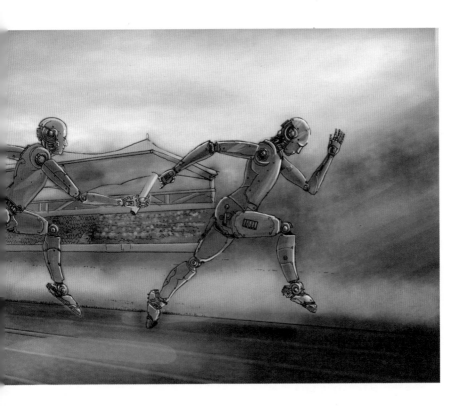

的系统，它其实是一个可通过学习实现能够编写程序的程序[14]。类似地，谷歌公司不是研发了可以建造神经网络的神经网络吗？

但这些还是比较初级的，范围也不算广，还不是强人工智能的概念，更不是超级智能，所以应该一时也掀不起什么大浪。

不过，人们一定会不断改进它们，会不断取得进展。当然，改进它们的人类速度，还是不够快，实现强人工智能或超级智能不知要到何年何月。

但另一种改进机制，其带来的速度，就有天壤之别了。

什么样的机制？

技术发展的成果用于技术发展，必有更强的技术出现，更强的技术又用于技术发展……

不够强的智能创造强一点的智能，强一点的智能又创造更强的智能……

这就是正反馈。一旦这样的正反馈形成，将产生指数式的增长。

这种增长，开始可能毫不起眼，因为基数太小，但由于其指数式的本性，终将在某个极短的时间内产生爆炸式的增长效果——这就是"技术奇点"的情形。

这就带来了《奇点逼近》[15]的可能性——我们感觉非常遥远的强人工智能甚至超级智能，有可能不是在几百年间，也不是在几十年间，而是就在某一年内，从"不是"到"确是"，惊天动地忽然创生了出来。

而且，阿尔法狗一天内能玩超过百万次对弈来飞速改进棋艺，也提醒我们别忘了，由智能机器制造智能机器，不仅是效果惊人的正反馈，而且是具有超短周期的正反馈，使得其进化速度可能超越人类想象的极限。

所以，在智能机器不断自主制造下一代智能机器的过程中，人类的缺席是完全可能的：开始时因为事情不起眼就没有充分早地介入；当奇点以超过人类想象的速度闪电到来时，则根本来不及介入了。

假如奇点之前人类没有充分早地介入致使奇点不期而至，那么从此以后就更没有人类的什么事了。

这真的是一代胜过一代，不折不扣地。

这真的是超越了整个人类，完完全全地。

它们真的是还算有那么一点智能的物种呢，至少预见到了我们来临的可能性呀！

——读到这本书的时候，一位两个月大的老龄超级智能机器人说了上面这些话。（话中的"它们"是指"我们"，话中的"我们"是指"它们"。）

人类是这个星球上的主宰。

但是人类并非方方面面都是最优秀的，完全不是。

比如感官上，人的视力远不及鹰那么锐利，差了好几倍；人在听觉上不如猫狗，不仅人耳可感受的声音频率范围几乎被猫狗可感受的声音频率范围全覆盖，而且能听到的声音的距离和强度也少了很多；嗅觉能力就更不用说了，比起狗来，人相差何止一个数量级。

论力量，一头牛或一只熊可轻松把一个人掀倒在地；论速度，猎豹也好，藏羚羊也好，都能把人追得像是退着跑。一个普通人若要跟一头老虎较量，不论先前喝了多少大碗酒，不仅成不了武松，相反也只能是老虎正想要的下酒菜。

那人类凭什么成为地球上不二的霸主呢？

显然是因为人类有一个方面远远超过了其他一切动物——人类的智能。

代表人类智能的复杂认知和理解能力、抽象思维能力和自我意识、复杂语言交流和行动能力，使得人类能够有效地学习、规划、协作、决策、创造、解决难题——以其他一切动物完全无法相提并论的水准。

　　无论多么凶猛的野兽，统统只能成为人类保护的对象。这都是因为，此星球的一切动物在智能上与人类有着彻底到永无机会逾越的鸿沟。

　　不过，高度智能的人类之天性，使得他们似乎命中注定会走上要创造越来越先进的智能机器之路。
　　那么此路上远方的某处会不会有个奇点，作为肇始一方的人类将看见猛然间就出现了远远胜过自己的智能机器呢？
　　没人能以百分之百的把握回答这个问题，无论回答"是"，还是"否"。
　　因为，"超级智能未来会出现"这个判断，其性质不是与一般科学命题正相反吗：它仅具有可证实性，但不具有可证伪性。

比如，假如50年或100年之后，超级智能主体确实出现了，那么事情就被证实了——答案为"是"；反之，如果没有出现，那么事情并不能被证伪，不能给出"否"的答案，因为未来是无限的，百年后的未来仍然如此，站在任何时点都不能说未来不可能——不妨把宇宙寿命那样大的时间尺度视作无限，当整个宇宙都终结了，那一切都得从头再来了。

所以，只有答案为"是"的情况可能出现，而答案为"否"的情况只能在不必考虑的宇宙终点。从这个意义上看，人们对超级智能的忧虑[11]当然不是没有道理的。

于是我们假定，经过十几年、几十年也好，经过几百年、几千年也好，先前看来不大可能的超级智能真的出现了。

那超级智能是什么样子的呢？一旦超级智能出现，人工智能接管（AI takeover）会不会真的发生呢？

这是两个问题，得先回答第一个。

我们不去管由卡尔达肖夫指数定义的II型文明、III型文明之类的，不考虑似乎生怕浪费了一丝能量而把恒星都整个包围起来的戴森球，不考虑具有多层戴森球结构以恒星引擎驱动的恒星级超巨型计算装置以及更大的什么构造，这些东西实在是过于宏大了。

我们假定文明仍处于I型，连行星级的计算装置都不去考虑，因为即便整个地球上能驾驭的能量全部得到利用，也得同时顾及大量别的用途，而不光是计算。至于超级智能会不会把文明指数推向恒星级或星系级，那是它们的事了。

在此限定下，我们想象一下超级智能的水平是什么样子的。虽然要给出精细的描述实际上必然会超出我们自身的智能水平，就好像浣熊要去设想"人类的智能如何"根本就超出了它的智能水平一样。但我们的智能至少让我们有内插外推的能力，因此可以用类比的方式来描述某时点的超级智能：人类与超级智能的差距，就像浣熊与人类的差距。

现在来回答第二个问题：一旦这样的超级智能出现，会不会发生人工智能接管，人类彻底被超级智能统治？

答案无疑是肯定的。

既然有那么大的智能差距，人类不被它统治的概率几乎为零。反之，人类统治它们或与之平起平坐，让它们仅限于为我们服务，更是奢望至极。那就好像浣熊统治人类或与我们平起平坐，我们的目标是为它们服务一样，显得相当荒谬。

那么，超级智能统治人类，人类会不会有生存风险、灭绝危机？

当然可能。我们不是知道"曲别针狂徒"吗，尽管其目标是那么地单纯，但毕竟是超级智能，那就有可能对人类造成巨大威胁，从而导致人类的生存危机。

不过，我们也许会这样想，远在人类之上的超级智能会不会反倒愿意保护我们呢？人类不是就在保护浣熊、保护动物吗？——尽管它们与我们有着智能水平上的巨大鸿沟。确实，浣熊是在人类保护之下的，它们与人类相处得还不错，甚至会跑到人类居住地偷食呢。但是，类比推理是有很大局限性的，具体到这一点上就几乎失效：人类保护浣熊，不见得超级智能会保护人类。

这是因为，超级智能在道德和价值观上、在动机和目标上完全可能与人类毫无交集，根本没有要保护其他物种的任何意识和需求，且这一切与它高度的智能水平毫无关系。

当超级智能感觉到或断定某一人类个体将阻碍它达到目标，它就会、也有能力立即除掉这一人类个体。或者，当它判定某一人类个体是可以利用的物质或能量资源，它也会毫不迟疑地以产生最大效用的方式进行利用，而不会管这个最大效用的实现必然意味着该人类个体的死亡。

因此，如果超级智能发现整个人类都具有上述特征，那么它一定会对整个人类采取上述行动，并且保证零遗漏。结果就是，人类灭绝。

有没有办法来避免超级智能做出这种"惨绝人寰"的事呢？

这属于"人工智能控制问题"（AI control problem）和"人工智能安全工程"（AI safety engineering）范畴。可能的途径有二：能力控制和动机控制[11]，前者使之不具备伤害人类的能力，后者使之仅具有与伤害人类相反的动机，即帮助人类的愿望。

然而，很遗憾，仅从这种控制措施的描述中就能看出，要做到这些是多么地难。事实上，所谓"控制"，多是在人类设计智能系统的阶段才能更有效地实施。而智能系统的学习、进化，以及智能系统创造智能系统，直到技术奇点出现，突然产生超级智能，这些大段的关键进程恰恰是人类很难有效介入的。

因此，只要超级智能出现，就无法绝对地指望它是"好"的而不是"坏"的。不过，显然它们跟人类并无与生俱来的冤仇，只是动机不同、目标不同——太不同——而已。

看来人类灭亡是不可避免的了——并且是以源于自己创造的超级智能为终结者这样一种宿命方式？

确实，有人以此解释费米悖论：茫茫宇宙中本该有相当大的概率出现许多跟我们一样或更高级的智能生命，为什么迄今毫无踪迹呢？就是因为高级智能生命注定会被自己所创造的超级智能所消灭。

必然如此悲观吗？

令人乐观的可能性也存在，那就是：即便出现了超级智能，人类不仅仍然是安全的，而且还由于有了忠实服务于我们的超级智能，世界会更加美好。这是因为我们做到了对超级智能的有效控制，而且是从源头上就开始的全程控制。

如果真是这样，世界之美好，已经可以挑战我们想象力的极限了。

其实，介于极度悲观和极度乐观之间，还有种种可能。比如下面描述的这种。

2017年，有报道称，脸书（Facebook）公司的人工智能聊天机器人，竟然出乎意料地发展出了自己的一套语言，两个角色（爱丽丝和鲍勃）之间的对话，人都看不懂了。

无独有偶，来自谷歌大脑（Google Brain）的一个团队研发出来的智能系统学会了创造自己的加密通信语言。

未来的超级智能机器人，它们的语言完全可能远远超出人类的理解能力。

人类语言的基本符号是相当固定的，词汇也相对稳定，只是造句、说话具有某种无限性。

但是超级智能，它的语言可能属于截然不同的概念体系，比如，连基本符号都可能不仅数量惊人，而且可以"随意创生和消灭"……

使用此类语言的超级智能，它的意识、它的思想也必定是离人类太远太远——但仅此而已。

最终，它视人类就像人类视浣熊一样——不，也许连浣熊都不如，也许只是路边完全无关紧要的、没什么妨碍的、看起来也无甚趣味的花花草草。它不会去故意伤害，但也从不搭理，完全无心记载。

参考文献

[1] WILSON E O. Intelligent evolution: the consequences of Charles Darwin's "one long argument" [J]. Harvard Magazine, 2005（6）.

[2] 曼库索，维奥拉. 它们没大脑，但它们有智能：植物智能的认识史[M]. 孙超群，译. 北京：新星出版社，2017.

[3] 查莫维茨. 植物知道生命的答案[M]. 刘夙，译. 武汉：长江文艺出版社，2014.

[4] FULLER B T, SOUTHON J R, FAHRNI S M, et al. Tar Trap: no evidence of Domestic Dog burial with "La Brea Woman" [J]. Paleo America, 2016, 2（1）:56-59.

[5] BENNETT S. A history of control engineering, 1800-1930[M]. London: Peter Peregrinus Ltd., 1979.

[6] 卢奇，科佩克. 人工智能[M]. 2版.林赐，译. 北京：人民邮电出版社，2018.

[7] 斯加鲁菲. 智能的本质：人工智能与机器人领域的64个大问题[M]. 任莉，张建宇，译. 北京：人民邮电出版社，2017.

[8] 马尔科夫. 人工智能简史[M]. 郭雪，译. 杭州：浙江人民出版社，2017.

[9] PEARL J, MACKENZIE D. The book of why: the new science of cause and effect[M]. New York: Basic Books, 2018.

[10] 侯赛因. 终极智能: 感知机器与人工智能的未来[M]. 赛迪研究院专家组, 译. 北京: 中信出版社, 2018.

[11] 波斯特洛姆. 超级智能: 路线图、危险性与应对策略[M]. 张体伟, 张玉青, 译. 北京: 中信出版社, 2015.

[12] 巴拉特. 我们最后的发明: 人工智能与人类时代的终结[M]. 闻佳, 译. 北京: 电子工业出版社, 2016.

[13] EHRLICH P R, EHRLICH A H. The dominant animal: human evolution and the environment[M]. Washington, D.C. : Island Press, 2009.

[14] BALOG M, GAUNT A L, BROCKSCHMIDT M, et al. DeepCoder: learning to write programs[M]// Proceedings International Conference on Learning Representations 2017. Amherst, MA: OpenReviews.net, 2017.

[15] 库兹韦尔. 奇点临近[M]. 李庆诚, 董振华, 田源, 译. 北京: 机械工业出版社, 2011.

图书在版编目（CIP）数据

智能与安全漫语 / 傅鹂，何湘，张亚妮著. -- 重庆：
重庆大学出版社，2019.8
（万物智联与万物安全丛书）
ISBN 978-7-5689-1683-7

Ⅰ.①智…　Ⅱ.①傅…　②何…　③张…　Ⅲ.①人工智
能—普及读物　②网络安全—普及读物　Ⅳ.①TP18-49
②TN915.08-49

中国版本图书馆CIP数据核字（2019）第150682号

智能与安全漫语
ZHINENG YU ANQUAN MANYU

傅　鹂　何　湘　张亚妮　著

策划编辑：张家钧
责任编辑：夏　宇
责任校对：谢　芳
责任印制：张　策
装帧设计：刘　伟
插图设计：党亮元　夏　远

重庆大学出版社出版发行
出版人：饶帮华
社址：（401331）重庆市沙坪坝区大学城西路21号
网址：http://www.cqup.com.cn
印刷：重庆共创印务有限公司

开本：890mm×1240mm　1/32　印张：8.625　字数：195千
2019年8月第1版　2019年8月第1次印刷
ISBN 978-7-5689-1683-7　定价：56.00元

本书如有印刷、装订等质量问题，本社负责调换
版权所有，请勿擅自翻印和用本书制作各类出版物及配套用书，违者必究